FUN FEET

超萌婴儿鞋钩织

宝贝的第一双鞋

·····················

〔英〕克里斯季·辛普森 主编

王慧琳 译

图书在版编目（CIP）数据

宝贝的第一双鞋:超萌婴儿鞋钩织/(英) 克里斯季·辛普森主编;王慧琳译. —郑州:河南科学技术出版社,2017.7
ISBN 978-7-5349-8776-2

Ⅰ.①宝… Ⅱ.①克… ②王… Ⅲ.①童鞋-钩针-编织-图集 Ⅳ.①TS941.763.8-64

中国版本图书馆CIP数据核字(2017)第133395号

出版发行: 河南科学技术出版社
　　　　　地址:郑州市经五路66号　　邮编:450002
　　　　　电话:(0371) 65737028　65788613
　　　　　网址:www.hnstp.cn
责任编辑: 冯　英
责任校对: 李晓娅
责任印制: 朱　飞
印　　刷: 广东省博罗园洲勤达印务有限公司
经　　销: 全国新华书店
幅面尺寸: 190mm×246mm　　印张:9　　字数:220千字
版　　次: 2017年7月第1版　2017年7月第1次印刷
定　　价: 48.00元

如发现印、装质量问题,影响阅读,请与出版社联系。

超萌婴儿鞋钩织
宝贝的第一双鞋

〔英〕克里斯季·辛普森 主编

王慧琳 译

河南科学技术出版社
·郑州·

目　录

天外来客　　　　　10

OUT OF THIS WORLD

野生动物

42

目 录

可爱的小家伙　　72

好吃极了

GOOD ENOUGH TO
EAT

前　言

打开礼物包装，看到一双酷毙的鲨鱼鞋，鸡蛋培根凉拖，或者怪物魔爪靴，你能想象得出新妈妈脸上洋溢的欢笑。如果我收到这样的礼物，一定会非常惊喜、非常开心的。

如果你是个钩织新手，不必担心，钩织基础部分(见134～143页)会告诉你如何看懂款式的钩织步骤，如何上手，教你用到的针法。试试吧，没你想得那么难，而且回报超值，你可以自学成才！多年以前，我曾要姐姐送给我女儿一套钩织工具作为礼物，因为那两周，女儿每天都央求我教她钩织，但我不会钩东西。最后，我就按照说明，跟着步骤图先学会，然后再教女儿。有趣的是，我立刻就爱上了钩织，我很享受把一根线钩成一个可爱物件的过程，从此再也不能罢手了。我敢打赌，你也会是这样的。

我希望你能喜欢这本作品集，这里的作品非常鲜活，富有创意，超级有趣，无论是穿上瞌睡的猫头鹰鞋还是汉堡鞋，都会把孩子的小脚丫包裹得暖暖的，萌萌的，酷酷的！

如何使用本书

挑选喜欢的款式

书中的30个款式根据主题分成了不同的章节："天外来客"包括一些怪兽、外星人、史前动物等；"野生动物"这部分的灵感则来自于动物园；"可爱的小家伙"挑选的是与我们的生活比较近的小动物；"好吃极了"的设计主题是让人垂涎三尺的美食。

你也可以根据自己的钩织水平来选择款式。在每个款式的前面都会标出技术难度等级，分为3级：

1：容易，运用基础针法和技法。
2：中等，需要一些较复杂的针法。
3：较难，如果你对基础钩织技法已经胸有成竹，可以尝试一些更有挑战性的针法和技法。

款式

每个款式都有2种尺寸，分别适合0～6个月和6～12个月的孩子。所有的款式都是以2种鞋底中的一个为模板或从脚尖到脚跟钩织。你可以在143页看到鞋底钩织的详细说明。

每个款式都列出了钩织针法，可以据此一步一步钩出款式。

开始之前

在钩织针法之前一般列有以下信息：

技术难度：从1到3，具体见前面的说明。
工具与材料：列出了钩织款式所需线的颜色，钩针的型号，以及其他工具和材料。
密度：开始钩款式之前要先检查密度，以保证钩织效果。
针法与技法：在书后面的钩织基础中可以快速查找这部分内容。
说明：开始钩织前一定要看说明和文中的实用小贴士。

钩织基础

在134～143页，有书中用到针法的介绍，开始钩织作品之前，要先通读这部分的内容，熟悉要用到的针法和技法。

作者简介

克里斯季·辛普森

本书的主编为RAKJpatterns公司设计款式，这是一家由她的五个孩子带来灵感的公司，位于美国，由她和丈夫管理。克里斯季是美国钩织协会的成员，写的书包括《简单可爱的婴幼儿服饰钩织》《妈咪与我：帽子钩织》《25款舒适拖鞋钩织》《喜洋洋的儿童帽》《舒适儿童鞋》，她设计的款式刊登在国际性的钩织杂志上。可以在网上进一步了解她，网址是 kristisimpson.net。

帕特里夏·卡斯蒂略

帕特里夏在她的博客(popsdemilk.com) 中分享自己创作的钩织作品。她喜欢从卡通形象、电子游戏和自己的童心中寻找灵感，设计有趣的毛线玩偶款式。经过几年的钩织实践，帕特里夏感觉要学的东西很多，她总是不断寻求新的挑战。

莉萨·古铁雷斯

莉萨与丈夫和两个孩子住在美国，她在家里钩织。她热爱编织、钩织、缝纫和刺绣，正准备尝试纸艺，她在网上分享了自己创作的富有想象力的作品，网址是goodknits.com。

阮春

2010年阮春发现并爱上了毛线玩偶，从此创作了大量的作品，开始是编织的，随后转为钩织的。她2012年开始在Facebook上分享自己作品的图

片，推出了"胖脸与我"图片博客，在她的Etsy网络平台商店"胖脸与我"中，有她的作品精选。

劳拉·希拉尔

劳拉童年时就开始钩织了，六年前发现了毛线玩偶的有趣。过去两三年，她把自己的创作天分都投到了玩偶工艺品中，对钩织设计和创作手工玩具充满激情。她与丈夫和两个孩子住在爱沙尼亚。可以在网上查找她的作品，网址是happyamigurumi.blogspot.co.uk。

戴德里·尤伊斯

戴德里是《大钩针钩织》和《Amamani拼插球》的作者，她

对钩织充满热情，通过在线方式和教程分享对手工的热爱。她与丈夫、三个孩子和猫住在伦敦，她在那里是一名放射医师。在Ravelry的dedri-uys可以找到她的作品，也可以浏览她的博客，网址是lookatwhatimade.net。

埃玛·瓦尔纳姆

埃玛是《如何钩织》和《钥匙环和小饰品钩织》的作者，她在英格兰北部的家中设计款式。身为有工作的妻子和母亲，她从钩织中获得了很大的快乐，钩织使她感到平静，她手头总有东西在钩，使她远离烦乱。可以在网上查找她的作品，网址是emmavarnam.co.uk。

本书中宝宝鞋的安全指南

书中的款式都是为小宝宝设计的。避免用扣子或其他塑料配件以免有窒息的危险。所有的配件都要固定牢固。

在宝宝自己迈开第一步之前，你都不用担心鞋底是否防滑。不过，一旦迈出第一步，就强烈推荐防滑鞋底。防滑鞋底有几种不同的制作方法。

翻毛皮鞋底： 从翻毛皮上剪下一只鞋底，用大号毛线缝针在边缘扎一圈孔洞。孔洞要足够大，要能插入钩针钩织。鞋面第1圈的每针都需要1个洞。鞋底做好后，以其为基础钩鞋面。钩第1圈时用尽可能小的钩针，以便容易插入孔洞。随后几圈换成款式指定的钩针。

增加纹路： 可以在鞋底上缝上些东西，如宽条的松紧带或装饰带，让鞋底形成粗糙的纹路。也可以用从手工商店里买来的特殊的不干胶贴面。

棉花彩颜料： 可以买一种叫棉花彩颜料的产品，在鞋底加上点状物。有些产品需要热处理(用熨斗)使产品膨胀，有些不需要。开始先钩鞋底，最好同时把2只鞋底都钩好，这样可以节省等待颜料变干的时间。钩好鞋底后打结，结不要太紧，这样，在鞋底处理完之后，你可以解开结(如果款式需要的话)，继续钩鞋面。确定鞋底不需要改动了，按照使用说明来上棉花彩颜料。一旦颜料膨胀起来后，就可以开始钩鞋面部分了。

OUT OF THIS WORLD

天外来客

CHOMPER
THE ALIEN

CHOMP CHOMP!

外星大嘴怪

"咔吃""咔吃"，这种吓人的超酷的外星怪物鞋给小小的太空探险家提供了有趣的装备。这款鞋子是万圣节服饰的绝配，穿上去参加聚会显得精灵古怪。

莉萨·古铁雷斯

技术难度
3

工具与材料
品红色主色线
粉色配色线1
白色配色线2
黑色配色线3

钩针
3.75mm(美式F/5号)
2.5mm(见135页的"注意")
需要时调整钩针的大小来钩出合适的密度。

附件
记号圈
毛线缝针

密度
中长针钩11针、8行
测量大小为5cm×5cm

尺寸
0~6个月，鞋底长度9cm
6~12个月，鞋底长度10cm
提示：钩织针法是按0~6个月的尺寸给出的，6~12个月的不同钩法列在方括号中。

针法与技法
见钩织基础
(134~143页)

按行钩织
按圈钩织
在前线圈和后线圈上钩
魔术环
短针2针并1针
中长针2针并1针

鞋头
用主色线和较大号的钩针。

第1圈：在魔术环中钩8中长针，把魔术环拉紧，收缩在一起。用引拔针与第1针中长针连成1圈。(8针)

第2圈：1锁针，每针中钩2中长针，用引拔针与第1针中长针连成1圈。(16针)

第3圈：1锁针，在第1针中钩1中长针，下1针中钩2中长针，*下1针中钩1中长针，下1针中钩2中长针；从*再重复4[6]次，下4[0]针中各钩1中长针，用引拔针与第1针中长针连成1圈。(22[24]针)

CHOMPER
THE ALIEN

**实用
小贴士**

用白色线钩鞋口引拔针
的圈时，要钩松一些，
使鞋口有弹性。

第4圈：1锁针，每针中钩1中长针，用引拔针与第1针中长针连成1圈。（22[24]针）

第5~7[9]圈：重复第4圈。（22[24]针）

下面按行继续钩鞋身。

鞋身

第1行：1锁针，下18[20]针中各钩1中长针，翻转。

第2~6行：1锁针，每针中钩1中长针，翻转。（18[20]针）

第7行：1锁针，下8[9]针中各钩1中长针，中长针2针并1针，下8[9]针中各钩1中长针。（17[19]针）

剪断线后打结，留出30cm的线头。最后1行对折，把边锁缝在一起。

鞋口钩边

把主色线引入后跟的中间，用短针钩边，按圈如下钩织：

第1圈：1锁针，在同一处钩1短针。接下来在侧边的各行上如下钩织：

在侧边的第1行钩1短针，在侧边的下5行各钩1短针，在侧边的下1行和鞋头没钩的中长针上钩短针2针并1针，下2针中各钩1短针，在下1针和侧边的下1行上钩短针2针并1针。在侧边的下6行上各钩1短针，在第1针短针的前线圈中钩引拔针，在引拔针中换成配色线1。（17针）

第2圈：3锁针（当作1长针），在同一处的前线圈中钩1长针，在剩余的每针的前线圈中钩1长针，在起始3锁针的第3针中钩引拔针，在引

拔针中换成配色线2。（18针）

第3圈： *把钩针插入第2圈的下1针和第1圈相应1针的后线圈中，钩引拔针；从 *重复重复至末尾，在第1针的后线圈中钩引拔针。

继续钩牙齿：

牙齿

*2锁针，在第3圈的同一处钩引拔针，下3针中都钩引拔针；从 *重复1圈，在第1针中钩引拔针。（6个牙齿）

剪断线后打结，把线头藏在反面，修剪整齐。

耳朵

（每只鞋钩2个）

用主色线和较小的钩针。

第1圈： 3锁针，在从钩针数的第2针锁针中钩1短针，下1针中钩1短针，3锁针，在从钩针数的第3针锁针中钩引拔针。在锁针对边钩，在同1锁针的后面钩1短针，在下1锁针

的后面钩1短针。

剪断线后打结，留出30㎝的线头。

眼睛

（每只鞋钩3个）

用配色线3和较小的钩针。

第1圈： 在魔术环中钩6短针，把魔术环拉紧，收缩在一起。在第1针短针中钩引拔针，在引拔针中换成配色线2。（6针）

第2圈： 1锁针，每针中钩2短针，用引拔针与第1针短针连成1圈。（12针）

剪断线后打结，留出30㎝的线头。

收尾

参照图片，用留出的线头把耳朵和眼睛缝到位。

ONE-EYED
ALIENS

实用
小贴士

当一圈一圈地钩织时，
在每圈的开始处放上记号
圈，钩完移走。

独眼外星人

这些独眼外星人会给宝宝的小脚丫带来温暖，会让看到的人忍俊不禁。特别的爱给特别的你，为孩子的小脚丫钩一款举世无双的鞋子吧！

埃玛·瓦尔纳姆

技术难度
1

工具与材料
苹果绿色主色线
白色配色线1
品蓝色配色线2

钩针
3.5mm(美式E/4号)
需要时调整钩针的大小来钩出合适的密度。

附件
黑色绣花线
记号圈
毛线缝针

密度
短针钩10针、10行
测量大小为5cm×5cm

尺寸
0~6个月，鞋底长度9cm
6~12个月，鞋底长度10cm
提示：钩织针法是按0~6个月的尺寸给出的，6~12个月的不同钩法列在方括号中。

针法与技法
见钩织基础
(134~143页)

鞋底1
按行钩织
按圈钩织
在后线圈上钩
螃蟹针

鞋底
用主色线钩鞋底1。

不要剪断线，继续钩鞋面。

鞋面
用主色线。
第1圈：1锁针，跳过鞋底上的1锁针，在接下来45[49]针的后线圈上各钩1短针，用引拔针与第1针短针连成1圈。(45[49]针)

第2~3圈：重复第1圈，但每针都在2个线圈上钩。

第4圈：1锁针，下6针中各钩1短针，*跳过下1针，下1针中钩1短针；从*再重复8[10]次，下21针中各钩1短针，用引拔针与第1针短针连成1圈。(36[38]针)

第5圈：1锁针，下4针中各钩1短针，*跳过下1针，下1针中钩1短针；从*再重复5[6]次，下20针中各钩1短针，用引拔针与第1针短针连成1圈。(30[31]针)

ONE-EYED
ALIENS

第6圈：1锁针，下30[31]针中各钩1短针，用引拔针与第1针短针连成1圈。(30[31]针)

第7圈：1锁针，下3针中各钩1短针，*跳过下1针，下1针中钩1短针；从*再重复4次，下17[18]针中各钩1短针，用引拔针与第1针短针连成1圈。(25[26]针)

第8圈：1锁针，下25[26]针中各钩1短针，用引拔针与第1针短针连成1圈。(25[26]针)

第9~13圈：重复第8圈。(25[26]针)

第14圈：1锁针，在每针中钩1螃蟹针，用引拔针与第1针螃蟹针连成1圈。

剪断线后打结。

触角
（每只鞋钩2个）

用主色线。
第1行：6锁针，在从钩针数的第2针锁针中钩2短针，在剩余的每针锁针中钩1引拔针。

剪断线后打结。

眼珠
（每只鞋钩1个）

用配色线1。
基础环：3锁针，用引拔针与第1针锁针连成1圈。

第1圈：1锁针，在环中钩8短针。(8针)

继续螺旋着往下钩。

第2圈：每针中钩2短针，用引拔针与第1针短针连成1圈。(16针)

剪断线后打结，留出一段线头。

虹膜
（每只鞋钩1个）

用配色线2。
基础环：3锁针，用引拔针与第1针锁针连成1圈。

第1圈：1锁针，在环中钩8短针，用引拔针与第1针短针连成1圈。

剪断线后打结，留出一段线头。

收尾
用蓝色虹膜上的线头，将其缝在白色眼珠的中间。用黑色绣花线在虹膜中间缝一个小黑点。用白色眼珠上的线头将眼睛缝到鞋面的上方。用黑色绣花线以倒缝针法在眼睛下面绣出一抹微笑。把线头藏在反面，修剪好。按图片所示把触角缝到眼睛两边。

MONSTER CLAWS

怪物的魔爪

把宝宝可爱的小脚丫变成怪物的魔爪——这款彩色的鞋子是万圣节完美的服饰！

帕特里夏·卡斯蒂略

技术难度
3

工具与材料
宝蓝色主色线
铁锈红色配色线

钩针
3.25mm(美式D/3号)
需要时调整钩针的大小来钩出合适的密度。

附件
记号圈
毛线缝针

密度
短针钩10针、12行
测量大小为5cm×5cm

尺寸
0~6个月，鞋底长度9cm
6~12个月，鞋底长度10cm
提示：钩织针法是按0~6个月的尺寸给出的，6~12个月的不同钩法列在方括号中。

针法与技法
见钩织基础
(134~143页)

按行钩织

按圈钩织
在后线圈上钩
魔术环
短针2针并1针

说明
款式从鞋尖开始按圈钩。除非有标注，在圈末不要折回来钩。
每圈末用引拔针与第1针短针连成1圈。
开头的1锁针不算作1针。
在1锁针相同的位置钩第1针。

脚趾
(每只鞋钩4个)

钩脚趾的针脚要稍微紧一些。

用主色线。
第1圈： 在魔术环中钩8短针，把魔术环拉紧，收缩在一起。用引拔针与第1针短针连成1圈。(8针)

第2~3圈： 1锁针，每针中钩1短针，用引拔针与第1针短针连成1圈。(8针)

剪断线后打结。再同样钩3个脚趾，但第4个脚趾不要剪断线。

连接脚趾：钩针在第4个脚趾的线圈中，*把钩针插入另一个脚趾的第3圈的1针中，钩1短针，在下3针中各钩1短针，从*再重复在剩余的2个脚趾上钩。继续在每个脚趾剩余的4针中各钩1短针，用引拔针与第1针短针连成1圈。在最后1针上放置记号圈，标出圈

末。(32针)

继续钩脚掌。

脚掌
在后线圈上钩。

第1圈： 1锁针，在每针中钩1短针，用引拔针与第1针短针连成1圈。(32针)

第2圈： 1锁针，下1针中钩1短针，*下2针中各钩1短针，短针2针并1针，从*再重复6次，下3针中各钩1短针，用引拔针与第1针短针连成1圈。(25针)

第3~9[10]圈： 1锁针，每针中钩1短针，用引拔针与第1针短针连成1圈。(25针)

第10[11]圈： 1锁针，每针中钩1短针，但不连成1圈。(25针)

继续钩后跟。

后跟
按行钩。

第1行： 1锁针，在下18针的后线圈中各钩1短针，剩余的针不钩，翻转。(18针)

第2行： 1锁针，每针中钩1短针(在2个线圈上钩)，翻转。(18针)

第3~8[9]行： 重复第2行。

第9[10]行： 1锁针，下4针中各钩1短针，短针2针并1针，下2针中各钩1短针，短针2针并1针，下2针中各钩1短针，短针2针并1针，下4针中各钩1短针，翻转。(15针)

第10[11]行： 1锁针，下2针中各钩1短针，短针2针并1针，下2针中各钩1短针，短针2针并1针，下2针中各钩1短针，短针2针并1针，下3针中各钩1短针，翻转。(12针)

第11[12]行： 1锁针，下3针中各钩1短针，*短针2针并1针，从*再重复2次，下3针中各钩1短针，用引拔针与第1针短针连成1圈。(9针)

继续钩脚腕。

脚腕
按圈钩。

第1圈： 1锁针，在侧边的行上均匀地钩10[11]针短针，在脚掌最后1圈钩后跟剩余的7针中各钩1短针，在侧边的行上均匀地钩10[11]针短针。(27[29]针)

第2圈： 1锁针，在每针的后线圈中钩1短针。

第3~5[6]圈： 重复第2圈。

剪断线后打结。

趾甲
(每只鞋钩4个)

用配色线。
第1行： 4锁针，在从钩针数的第2针锁针中钩1短针，下1锁针中钩1中长针，最后1锁针中钩1长针。

剪断线后打结，留出一段线头。

收尾
把趾甲用线头缝到脚趾上。缝合后缝。把线头藏在反面。

LITTLE MONSTER BOOTIES

小怪兽鞋子

这款条纹鞋子有一双不对称的眼睛和一条可爱的小尾巴，谁看到这个小怪兽都会乐不可支。鞋子的前端是按圈钩织的，鞋身是按行钩织的。

埃玛·瓦尔纳姆

技术难度
2

工具与材料
天蓝色主色线1
灰蓝色主色线2
白色配色线

钩针
3.5mm(美式E/4号)
需要时调整钩针的大小来钩出合适的密度。

附件
黑色绣花线
记号圈
毛线缝针

密度
短针钩10针、10行
测量大小为5cm×5cm

尺寸
0~6个月，鞋底长度9cm
6~12个月，鞋底长度10cm
提示：钩织针法是按0~6个月的尺寸给出的，6~12个月的不同钩法列在方括号中。

针法与技法
见钩织基础
(134~143页)

按行钩织
按圈钩织
短针2针并1针

鞋头

基础环：用主色线1钩4锁针，用引拔针与第1针锁针连成1圈。

第1圈：1锁针，在环中钩8短针，用引拔针与第1针短针连成1圈。(8针)

继续螺旋着往下钩，不连成1圈。

第2圈：每针中钩2短针。(16针)

第3圈：换成主色线2（以下每2圈换1次主色线的颜色，不再标注），*下1针中钩1短针，下1针中钩2短针，从*重复至圈末。(24针)

实用小贴士
为了醒目，选用对比色钩出怪兽的条纹。钩条纹时每隔2行或2圈换1次颜色。

第4~5圈：每针中钩1短针。(24针)

第6圈：*下2针中各钩1短针，下1针中钩2短针，从*重复至圈末。(32针)

第7~9圈：每针中钩1短针。(32针)

第10圈：每针中钩1短针，放置记号圈。(32针)

换成主色线2，下面按行钩鞋身。

鞋身
每2行换1次主色线，形成与前面相同的条纹。

第1行：1锁针，在1锁针处钩1短针，下23针中各钩1短针，翻转。(24针)

第2~12[14]行：重复第1行。(24针)

剪断线后打结。

后跟
把相应颜色的主色线引入最后1行右侧第9针中。每2行换1次主色线，形成与前面相同的条纹。

第1行：1锁针，在基础1锁针处钩1短针，下7针中各钩1短针，翻转。(8针)

第2~8行：重复第1行。

剪断线后打结。

反面向上(把鞋子里面翻出来)，把正面的边相对，使后跟和鞋帮的边对在一起。用引拔针钩过两层，把2条缝连在一起。剪断线后打结，把线头藏在反面。

鞋口钩边
把主色线1引入鞋头左侧鞋帮第1行中，沿

着左侧鞋帮均匀地钩10[12]短针，在后跟与鞋帮的连接处钩短针2针并1针，在后跟上均匀地钩4短针，在后跟与鞋帮右侧连接处钩短针2针并1针，沿右侧鞋帮的边均匀地钩10[12]短针。

剪断线后打结，把线头藏在反面。

花边
在鞋口位于鞋头的边上钩花边，面对鞋头钩。

第1行：用引拔针把主色线1引入鞋口位于鞋头右边的第1针短针，*下1针中钩(2中长针，2锁针，2中长针)，下1针中钩1引拔针；从*再重复2次。

剪断线后打结，把线头藏在反面。

尾巴
(每只鞋钩1个)

用主色线1。

第1行：7锁针，在从钩针数的第2针锁针中钩1短针，剩余锁针中各钩1短针。

剪断线后打结，把线头留长一些。

用引拔针把主色线2引入第1针锁针，1锁针，在同一锁针处钩3短针。

剪断线后打结。

眼睛

（每只鞋钩1个）

用配色线。

基础环：3锁针，用引拔针与第1针锁针连成1圈。

第1圈：1锁针，在环中钩8短针，用引拔针与第1针短针连成1圈。

剪断线后打结，留出一段线头。

收尾

用留的线头把眼睛缝到鞋头上。在眼睛中间用黑色绣花线缝1个小圆点。用配色线在另一个眼睛的位置缝上交叉线。用黑色绣花线以倒缝针法在眼睛下面绣出一抹微笑。用配色线在嘴的一角下面缝1个小三角形当作牙齿。用线头把怪兽的尾巴缝到后跟的中间。把线头藏在反面。

实用小贴士

为什么不钩成表情不一样的一对呢？一个面带微笑，一个微微皱眉。

BEEPBOT
BOOTIES

5

机器人鞋子

哔哔！哔哔！这些友善的机器人鞋子是活泼好动的小脚丫最好的陪伴。双面头缝在了一起，耳朵和眼睛是缝上去的。

埃玛·瓦尔纳姆

技术难度
2

工具与材料
浅灰蓝色主色线
橙色配色线1
白色配色线2

钩针
3.5mm(美式E/4号)
需要时调整钩针的大小来钩出合适的密度。

附件
黑色绣花线
记号圈
毛线缝针

密度
短针钩10针、10行
测量大小为5cm×5cm

尺寸
0~6个月，鞋底长度9cm
6~12个月，鞋底长度10cm
提示：钩织针法是按0~6个月的尺寸给出的，6~12个月的不同钩法列在方括号中。

针法与技法
见钩织基础
(134~143页)

鞋底1
按行钩织
按圈钩织
在后线圈上钩
长针2针并1针
螃蟹针

鞋底
用主色线钩鞋底1。

不要剪断线，继续钩鞋面。

鞋面
第1圈：1锁针，跳过基础的1锁针，在下45[49]针的后线圈上各钩1短针，用引拔针与第1针短针连成1圈。(45针[49])

尺寸大的鞋子再加钩1圈：在2个线圈上钩，1锁针，下11针中各钩1短针，跳过下2针，下9针中各钩1长针，跳过下2针，下25针中各钩1短针，用引拔针与第1针短针连成1圈。(45针)

下面继续在2个线圈上钩：

第2[3]圈：1锁针，下9针中各钩1短针，跳过下2针，下9针中各钩1长针，跳过下2针，下

23针中各钩1短针，用引拔针与第1针短针连成1圈。(41针)

第3[4]圈：1锁针，下7针中各钩1短针，跳过下2针，下9针中各钩1长针，跳过下2针，下21针中各钩1短针，用引拔针与第1针短针连成1圈。(37针)

第4[5]圈：1锁针，下5针中各钩1短针，跳过下2针，下9针中各钩1长针，跳过下2针，下19针中各钩1短针，用引拔针与第1针短针连成1圈。(33针)

第5[6]圈：1锁针，下3针中各钩1短针，跳过下2针，下9针中各钩1长针，跳过下2针，下17针中各钩1短针，用引拔针与第1针短针连成1圈。(29针)

第6[7]圈：3锁针(当作1长针)，下3针中各钩1长针，长针2针并1针5次，下16针中各钩1长针，用引拔针与开始的3锁针中的第3针锁针连成1圈。(24针)

第7[8]圈：换成配色线1，1锁针，在每针中钩1螃蟹针，用引拔针与第1针螃蟹针连成1圈。

剪断线后打结。

头部 ~ 前面和后面

(每只鞋钩2个)

用主色线。
第1行：8锁针，在从钩针数的第2针锁针中钩1短针，在剩余的锁针中各钩1短针，翻转。(7针)

第2行：1锁针，每针中各钩1短针，翻转。(7针)

第3~6行：重复第2行。

剪断线后打结。

头部 ~ 侧面

(每只鞋钩4个)

用主色线。
第1行：5锁针，在从钩针数的第2针锁针中钩1短针，在剩余的锁针中各钩1短针，翻转。(4针)

第2行：1锁针，每针中钩1短针，翻转。(4针)

第3~6行：重复第2行。

剪断线后打结。

眼睛

(每只鞋钩2个)

用配色线2。
基础环：3锁针，用引拔针与从钩针数的第3针锁针连成1圈。

第1圈：1锁针，在环中钩8短针，用引拔针与第1针短针连成1圈。

剪断线后打结，留出一段线头。

耳朵

(每只鞋钩2个)

用配色线1。
基础环：3锁针，用引拔针与从钩针数的第3针锁针连成1圈。

第1圈：1锁针，在环中钩8短针，用引拔针与第1针短针连成1圈。(8针)

剪断线后打结，留出一段线头。

胳膊
（每只鞋钩2个）

用主色线。

第1行： 7锁针，在从钩针数的第2针锁针中钩1短针，在剩余的锁针中各钩1短针，翻转。（6针）

第2行： 1锁针，每针中钩1短针，翻转。（6针）

第3行： 重复第2行。

剪断线后打结。

用引拔针把配色线1引入胳膊一端的边上，钩3锁针，用引拔针钩入端末的另一边，翻转，在3锁针处钩4短针。

剪断线后打结，把线头藏在反面。

收尾

按照图片所示，把胳膊缝到鞋子上面，正好在鞋面第7[8]圈的下面。

在头部的前面和后面，分别缝上2个侧面。用耳朵上的线头将其缝到头部前侧面的中间。把白色的眼睛缝到头部的前面。用黑色绣花线在眼睛中间缝一个小点。用黑色绣花线以倒缝针法缝出嘴部。把头部前后2片叠在一起，用主色线把边缝在一起，然后把头部缝到鞋子上面，位于鞋面最后两圈之间。

实用小贴士

要想更漂亮，可以用银色线钩织，在特殊的聚会中会显得格外有趣。

FEISTY DRAGONS

发怒的龙

穿上这双绿色的龙靴，给孩子的小脚丫增加一些活力，这款靴子特别保暖，特别舒适。

阮春

技术难度
2

工具与材料
豆绿色主色线
黑色配色线1
红宝石色配色线2
军绿色配色线3

钩针
3.5mm(美式E/4号)
4.5mm(美式7号)
需要时调整钩针的大小来钩出合适的密度。

附件
聚酯纤维棉(少量，用于填充)
记号圈

毛线缝针

密度
双股主色线中长针钩9针、6行
测量大小为5cm×5cm

尺寸
0～6个月，鞋底长度9cm
6～12个月，鞋底长度10cm
提示：钩织针法是按0～6个月的尺寸给出的，6～12个月的不同钩法列在方括号中。

针法与技法
见钩织基础
(134～143页)

鞋底1
按行钩织
按圈钩织
在后线圈上钩
短针2针并1针

说明
要与第1针中长针或锁针的上面连成1圈，开始钩织新的1圈时，要在下1针中钩，而不是在连成1圈的那1针中。1圈的最后1针是在第1针中长针或锁针中钩引拔针。

鞋底
用主色线(双股)和较大的钩针钩鞋底1，不剪断线，继续钩鞋面。

鞋面
第1圈：1锁针，在接下来46[50]针的后线圈中各钩1中长针，用引拔针与1锁针连成1圈。(46[50]针)

第2圈：重复第1圈。

第3圈：1锁针，下8针中各钩1短针，*短针2针并1针；

实用小贴士
鞋底和鞋面是把两股细的主色线合在一起钩织的。如果用中粗线，单股线织出的鞋底的长度是相同的。

从＊再重复9[11]次，下18针中各钩1短针，用引拔针与1锁针连成1圈。(36[38]针)

第4圈：1锁针，下36[38]针中各钩1中长针，用引拔针与1锁针连成1圈。(36[38]针)

第5圈：1锁针，下10针中各钩1短针，＊短针2针并1针；从＊再重复4[5]次，下16针中各钩1短针，用引拔针与1锁针连成1圈。(31[32]针)

第6圈：1锁针，下31[32]针中各钩1中长针，用引拔针与1锁针连成1圈。(31[32]针)

第7圈：1锁针，下10针中各钩1短针，＊短针2针并1针；从＊再重复2次，下15[16]针中各钩1短针，用引拔针与1锁针连成1圈。(28[29]针)

第8圈：1锁针，下28[29]针中各钩1中长针，用引拔针与1锁针连成1圈。(28[29]针)

第9圈：1锁针，下28[29]针中各钩1中长针，用引拔针与1锁针连成1圈。(28[29]针)

剪断线后打结，把线头藏在反面，修剪整齐。

耳朵

(每只鞋钩2个)

用主色线(单股)和较小的钩针。

第1圈：2锁针，在从钩针数的第2针锁针中钩4短针。(4针)

继续螺旋着往下钩。

第2圈：＊下1针中钩2短针，下1针中钩1短针；从＊重复至圈末。(6针)

第3圈：＊下1针中钩2短针，下2针中各钩1短针；从＊重复至圈末。(8针)

第4圈：＊下1针中钩2短针，下3针中各钩1短针；从＊重复至圈末。(10针)

第5圈：＊下1针中钩2短针，下4针中各钩1短针；从＊重复至圈末。(12针)

第6圈：＊下1针中钩2短针，下5针中各钩1短针；从＊重复至圈末。(14针)

第7圈：＊下1针中钩2短针，下6针中各钩1短针；从＊重复至圈末。(16针)

第8圈：＊短针2针并1针，下6针中各钩1短针；从＊重复至圈末。(14针)

第9圈：＊短针2针并1针，下5针中各钩1短针；从＊重复至圈末。(12针)

第10圈：＊短针2针并1针，下4针中各钩1短针；从＊重复至圈末。(10针)

下面按行钩1行：

下5针中各钩1短针。(5针)

剪断线后打结，留出大约30cm的线头，用毛线缝针把耳朵缝到鞋面第8圈的两侧。把线头藏在反面。

眼睛
(每只鞋钩2个)

用配色线1(单股)和较小的钩针。
第1圈：2锁针，在从钩针数的第2针锁针中钩6短针，用引拔针与第1针短针连成1圈。

剪断线后打结，留出大约20cm的线头。用毛线缝针把眼睛缝到鞋子前面大约第5~6圈的位置。把线头藏在反面。

舌头
(每只鞋钩1个)

用配色线2(单股)和较小的钩针。
第1行：8锁针，在从钩针数的第2针锁针中钩1短针，下1针中钩1短针，3锁针，在从钩针数的第2针锁针中钩1短针，下1针中钩1短针，下5针中各钩1短针至行末。

剪断线后打结，留出大约20cm的线头。用毛线缝针把舌头缝到鞋面前面第1圈的位置。确保舌头在鞋头的中间。把线头藏在反面。

背棘
(每只鞋钩3个)

用配色线3(单股)和较小的钩针。
第1圈：5锁针，在从钩针数的第2针锁针中钩1短针，在剩余的锁针中各钩1短针。(4针)

第2圈：*下1针中钩2短针，下1针中钩1短针；从*重复至圈末。(6针)

第3圈：*下1针中钩2短针，下2针中各钩1短针；从*重复至圈末。(8针)

第4圈：每针中钩1短针。(8针)

第5圈：重复第4圈。

剪断线后打结，留出大约30cm的线头。每个背棘中用聚酯纤维棉填充。按图片所示，用毛线缝针将其缝到鞋子的后跟处。把线头藏在反面。

7

DINO
STOMPERS

恐龙来啦

恐龙已经灭绝了，不过通过这款鞋子，能把它们重新带回到我们的生活中来。可以用你喜欢的配色钩出创意十足的恐龙鞋。

戴德里·尤伊斯

技术难度
2

工具与材料
湖蓝色主色线1
土黄色主色线2
黑色配色线

钩针
4mm(美式6号)
需要时调整钩针的大小来钩出合适的密度。

附件
记号圈
毛线缝针

密度
短针钩20针、22行
测量大小为10cm×10cm

尺寸
0~6个月，鞋底长度9cm
6~12个月，鞋底长度10cm
提示：钩织针法是按0~6个月的尺寸给出的，6~12个月的不同钩法列在方括号中。

针法与技法
见钩织基础
(134~143页)

按行钩织
按圈钩织
在前线圈和后线圈上钩
魔术环
短针2针并1针
短针3针并1针
贝壳针

头
用主色线1。

第1圈：3[4]锁针，在从钩针数的第2针锁针中钩2短针，下0[1]锁针中钩1短针，最后1锁针中钩4短针。在锁针的对边钩，下0[1]锁针中钩1短针，在已钩过2短针的锁针中钩2短针。(8[10]针)

第2圈：第1针中钩2短针，下2[3]针中各钩1短针，下2针中各钩2短针，下2[3]针中各钩1短针，最后1针中钩2短针。(12[14]针)

第3圈：第1针中钩2短针，下4[5]针中各钩1短针，下2针中各钩2短针，下4[5]针中各钩1短针，最后1针中钩2短针。(16[18]针)

第4圈：前2针中各钩2短针，下6[7]针中各钩1短针，下2针中各钩2短针，下6[7]针中各钩1短针。(20[22]针)

第5圈：每针中钩1短针。(20[22]针)

第6~10[11]圈：重复第5圈。

继续按行钩身体。

身体

第1行：下16[17]针中各钩1短针，短针2针并1针，1锁针，翻转，剩余的2[3]针不钩。(17[18]针)

在第1行边上的1锁针处放置记号圈。

第2行：短针2针并1针，下14[16]针中钩1短针，短针2针并1针，剩余的1针不钩，1锁针，翻转。(16[18]针)

第3行：短针2针并1针，下14[16]针中钩1短针，1锁针，翻转。(15[17]针)

第4行：每针中钩1短针，1锁针，翻转。(15[17]针)

第5～11[13]行：重复第4行。

如果是较小尺寸的鞋，在第11行的最后1针放置记号圈。如果是较大尺寸的鞋，接着再往下钩下1行。

第14行：短针2针并1针，下13针中各钩1短针，短针2针并1针，1锁针，翻转。(15针)

在第14行的最后1针放置记号圈。

继续钩尾巴。

尾巴

第1行：短针2针并1针，下11针中各钩1短针，短针2针并1针，1锁针，翻转。(13针)

第2行：短针2针并1针，下9针中各钩1短针，短针2针并1针，1锁针，翻转。(11针)

第3行：短针2针并1针，下7针中各钩1短针，短针2针并1针，1锁针，翻转。(9针)

第4行：每针中钩1短针，1锁针，翻转。(9针)。

第5行：短针2针并1针，下5针中各钩1短针，短针2针并1针，1锁针，翻转。(7针)

第6行：每针中钩1短针，1锁针，翻转。(7针)

第7行：短针2针并1针，下3针中各钩1短针，短针2针并1针，1锁针，翻转。(5针)

第8行：每针中钩1短针，1锁针，翻转。(5针)

第9行：短针2针并1针，下1针中钩1短针，短针2针并1针，1锁针，翻转。(3针)

第10行：每针中钩1短针，1锁针，翻转。(3针)

第11行：短针3针并1针，1锁针。(1针)

正面向外把鞋子对折。在两层上钩，在尾巴每行的边上钩1短针，把尾巴合到一起，一共钩10短针。在下1行钩引拔针，这应该是身体上放有记号圈的第11[14]行，1锁针，剪断线后打结。移走记号圈。

飞边

下面沿着鞋口钩，从身体上放有记号圈的第1行的右边开始，在左边结束。面对鞋子的里面钩。

第1行：把主色线1用引拔针引入身体第1行记号圈的右边，钩9[11]短针，在每1行的右边钩。在对面边上的每1行继续钩，钩9[11]短针，在下1行钩引拔针，1锁针，翻转。(18[22]针)

第2行：跳过引拔针，＊下1针中钩1中长针，下1针中钩2长针，下1针中钩2长长针，下2针中各钩1长长针，下1针中钩2长长针，下1针中钩2长针，下1针中钩1中长针＊，下2针中各钩1短针，（下2针中各钩2短针，下2针中各钩1短针）；从*重复到*，在下1行钩引拔针，此处已经有1针引拔针。(26[32]针)

剪断线后打结，把线头藏在反面。

花边

用主色线2。

面对正面，把线用引拔针加入飞边第2行的第1针。在下12[15]针中钩4[5]个贝壳针，这样就到了尾巴处，在尾巴第1针短针的前线圈上钩引拔针，在剩余的9针中钩3个贝壳针，在前线圈上钩，1锁针，翻转。现在在剩余的每针的后线圈上钩，在用一针的后线圈中钩引拔针，在剩余的9针中钩3个贝壳针，在后线圈上钩。现在来到了身体的后部。在2个线圈上钩，用引拔针钩入接下来身体上的1针(是1针短针)，在下12[15]针中钩4[5]个贝壳针。

剪断线后打结，把线头藏在反面。

角

(每只鞋钩1个)

用主色线2。

第1圈：在魔术环中钩3短针。把魔术环拉紧，收缩在一起。(3针)

继续螺旋着往下钩。

第2圈：下1针中钩1短针，下2针中各钩2短针。(5针)

第3圈：下3针中各钩1短针，下2针中各钩2短针。(7针)

第4圈：下3针中各钩1短针，*下1针中钩2短针，下1针中钩1短针；从*再重复1次。(9针)

第5圈：下3针中各钩1短针，*下1针中钩2短针，下2针中各钩1短针；从*再重复1次，引拔针钩入下1针，1锁针。(11针)

剪断线后打结，留出15cm的线头。

开始钩角时留出一段线头，填入角内，用打结后留出的线头把角缝到鞋子上，放到鞋头第1～5圈之间的正中间。

腿

(每只鞋钩4个)

用主色线1。

第1圈：在魔术环中钩6短针。把魔术环拉紧，收缩在一起。(6针)

继续螺旋着往下钩。

第2圈：每针中钩1短针。(6针)

第3圈：每针中钩1短针，1锁针。(6针)

剪断线后打结，留出15cm的线头。

收尾

沿着恐龙身体的底部将鞋子折叠平整。把腿连上，让腿部封闭的一端(脚)与身体的底部对齐。腿连接的位置分别与身体上(不是尾巴上)的第1个贝壳针和最后1个贝壳针对齐。把腿的顶部合在一起用线头缝到身体上。缝时用倒缝针法。把腿部中间也用倒缝针法连到身体上。接下来，把眼睛绣出来：把鞋子折叠平整，让角面对自己，在鞋头第10圈、与角的外边成一条线处标出眼睛的位置。用黑色配色线以倒缝针法绣出眼睛。

8

MAGICAL UNICORNS

神秘的独角兽

这款可爱的鞋子让传说中神秘的独角兽变得活灵活现。可以把粉色的毛线换成多彩毛线，使鞋子五彩缤纷。

阮春

技术难度
2

工具与材料
米白色主色线1
粉色主色线2
黄色配色线1
淡褐色配色线2
黑色配色线3

钩针
3.5mm(美式E/4号)
4.5mm(美式7号)
需要时调整钩针的大小来钩出合适的密度。

附件
记号圈
毛线缝针

密度
双股主色线短针钩9针、10行
测量大小为5cm×5cm

尺寸
0~6个月，鞋底长度9cm
6~12个月，鞋底长度10cm
提示：钩织针法是按0~6个月的尺寸给出的，6~12个月的不同钩法列在方括号中。

针法与技法
见钩织基础
(134~143页)

鞋底1
按行钩织
按圈钩织
在后线圈上钩
短针2针并1针
套环针

说明
与第1针连成1圈，开始钩新的1圈时，要在下1针中钩，而不是在连成1圈的那1针中。1圈的最后1针是在第1针中钩引拔针。

鞋底
用主色线2(双股)和较大的钩针钩鞋底1，在最后1针引拔针中换成主色线1(双股)，继续钩鞋帮。

鞋帮
第1圈：2锁针，在接下来46[50]针的后线圈中各钩1长针，用引拔针钩入2锁针的顶部连成一圈。(46[50]针)

第2圈：1锁针，下46[50]针中各钩1短针(在2个线圈上钩)，

实用小贴士
鞋身是把两股主色细线合在一起钩织的。如果你用中粗线，单股线钩出的鞋底的长度是相同的。

用引拔针与1锁针连成1圈。(46[50]针)

第3圈：1锁针，下6针中各钩1短针，*短针2针并1针；从*再重复9[11]次，下20针中各钩1短针，用引拔针与1锁针连成1圈。(36[38]针)

第4圈：1锁针，下36[38]针中各钩1短针，用引拔针与1锁针连成1圈。(36[38]针)

第5圈：1锁针，下6针中各钩1短针，*短针2针并1针；从*再重复4[5]次，下20针中各钩1短针，用引拔针与1锁针连成1圈。(31[32]针)

剪断线后打结，把线头藏在反面。

脸
(每只鞋钩1个)

用主色线1(单股)和较小的钩针。
第1圈：2锁针，在从钩针数的第2针锁针中钩6短针。(6针)

继续螺旋着往下钩。

第2圈：每针中钩2短针。(12针)

第3圈：每针中钩2短针。(24针)

第4圈：每针中钩1短针。(24针)

第5圈：*下1针中钩2短针，下3针中各钩1短针；从*再重复5次。(30针)

第6圈：下3针中各钩1短针，下2针中各钩2短针，下5针中各钩1短针，下2针中钩2短针，下18针中各钩1短针。(34针)

剪断线后打结，留一段长约45cm的线头以便

把独角兽的脸缝到鞋前面。耳朵、角钩好后要先缝到脸上。

耳朵
(每只鞋钩2个)

用主色线1(单股)和较小的钩针。
第1圈：2锁针，在从钩针数的第2针锁针中钩4短针。(4针)

继续螺旋着往下钩。

第2圈：*下1针中钩2短针，下1针中钩1短针；从*重复至圈末。(6针)

第3圈：*下1针中钩2短针，下2针中各钩1短针；从*重复至圈末。(8针)

第4圈：每针中钩1短针。(8针)

第5圈：每针中钩1短针。(8针)

剪断线后打结，留出大约30cm的线头。把耳朵缝到脸上部的两侧，在耳朵中间留出6针。打结固定牢固，把线头藏在反面。

鬃毛
用主色线2(单股)和较小的钩针。
把脸翻过来，在反面钩。鬃毛在耳朵之间的6针中钩。把钩针插入耳朵边上的第1针，绕线，在耳朵之间的6针中各钩1针套环针。

剪断线后打结，用毛线缝针把两端的线头藏好。

角
(每只鞋钩1个)

用配色线1(单股)和较小的钩针。
第1圈：2锁针，在从钩针数的第2针锁针中钩

4短针。(4针)

继续螺旋着往下钩。

第2圈：*下1针中钩2短针，下1针中钩1短针；从*重复至圈末。(6针)

第3~5圈：每针中钩1短针。(6针)

剪断线后打结，留一段20cm的线头。用毛线缝针把角缝到独角兽的脸上，位于鬃毛的下面。缝结实，把线头藏在反面。

眼睛

用配色线3和毛线缝针，在角下面缝出2个眼睛，要确保下面留出缝鼻子的空间。

鼻子

(每只鞋钩1个)

用配色线2(单股)和较小的钩针。

第1行：11锁针，在从钩针数的第2针锁针中钩1短针，在剩余的锁针中各钩1短针。翻转。(10针)

第2行：1锁针，第1针中钩2短针，下8针中各钩1短针，最后1针中钩2短针。翻转。(12针)

第3行：1锁针，第1针中钩2短针，下10针中各钩1短针，最后1针中钩2短针。翻转。(14

针)

第4~5行：1锁针，每针中钩1短针。翻转。(14针)

接下来钩边，沿着鼻子的钩片钩大约34针短针，用引拔针与第1针短针连成1圈。

剪断线后打结，留一段约60cm的线头，把鼻子缝到鞋子的前面。用配色线3和毛线缝针，在鼻子上缝出2个鼻孔。

收尾

把脸放到鞋头上，使耳朵与鞋子的边对齐(鬃毛和角会从边上突出出来)，用毛线缝针和留出的线头，把脸缝到鞋头上。打结固定牢固，剪断线，把线头藏在反面。把鼻子放到缝好的脸上面，使半月形的弧形部分与粉色的鞋底对齐，直边在眼睛下面。用毛线缝针和留的线头，把鼻子缝到鞋头上，打结固定牢固，把线头藏在反面。

WILD
ANIMALS

野生动物

9

PLAYFUL
PANDAS

好玩的熊猫

这款可爱的鞋子特别适合搭配简单的白色连身服或婴儿睡衣。鞋子上可爱的脸庞会吸引孩子把小脚塞进去，保证会成为孩子最喜欢的服饰。

埃玛·瓦尔纳姆

技术难度
1

工具与材料
黑色线
白色线

钩针
3.5mm(美式E/4号)
需要时调整钩针的大小来钩出合适的密度。

附件
黑色绣花线
蓝色绣花线

记号圈
毛线缝针

密度
短针钩10针、10行
测量大小为5cm×5cm

尺寸
0~6个月，鞋底长度9cm
6~12个月，鞋底长度10cm
提示：钩织针法是按0~6个月的尺寸给出的，6~12个月的不同钩法列在方括号中。

针法与技法
见钩织基础
(134~143页)

鞋底1
按圈钩织
在后线圈上钩
短针隐形减针
螃蟹针

鞋底
用黑色线钩鞋底1。
不剪断线，继续钩鞋面。

鞋面
第1圈： 1锁针，跳过基础的1锁针，在下45[49]针的后线圈中各钩1短针，用引拔针与第1针短针连成1圈。(45[49]针)

第2圈： 在2个线圈上钩，1锁针，下11[13]针中各钩1短针，换成白色线，下7针中各钩1短针，换成黑色线，下27[29]针中各钩1短针，用引拔针与第1针短针连成1圈。(45[49]针)

第3圈： 1锁针，下12[14]针中各钩1短针，换成白色线，下5针中各钩1短针，换成黑色线，下28[30]针中各钩1短针，用引拔针与第1针短针连成1圈。(45[49]针)

第4圈： 1锁针，下13[15]针中各钩1短针，换成白色线，下3针中各钩1短针，换成黑色线，下29[31]针中各钩1短针，用引拔针与第1针短针连成1圈。(45[49]针)

第5圈：1锁针，下3[5]针中各钩1短针，*短针隐形减针，下1针中钩1短针；从*再重复7次，下18[20]针中各钩1短针，用引拔针与第1针短针连成1圈。(37[41]针)

第6圈：1锁针，下3[5]针中各钩1短针，短针隐形减针8次，下18[20]针中各钩1短针，用引拔针与第1针短针连成1圈。(29[33]针)

剪断线后打结。把线头藏在反面。

脸

用白色线。

基础环：3锁针，用引拔针与从钩针数的第3针锁针连成1圈。

第1圈：1锁针，在环中钩8短针。(8针)

继续螺旋着往下钩。

第2圈：每针中钩2短针。(16针)

第3圈：*下1针中钩1短针，下1针中钩2短针；从*再重复7次。(24针)

第4圈：*下2针中各钩1短针，下1针中钩2短针；从*再重复7次。(32针)

实用
小贴士

为什么不换成米黄色线钩成泰迪版呢？一定会是孩子衣柜中超可爱的款式。

第5圈：1锁针，在每针上各钩1针螃蟹针。

剪断线后打结。

耳朵
(每只鞋钩2个)

用黑色线。

基础环：3锁针，用引拔针与从钩针数的第3针锁针连成1圈。

第1圈：3锁针，在环中钩5长长针。

剪断线后打结 留一段线头。

眼睛
(每只鞋钩2个)

用黑色线。

基础环：3锁针，用引拔针与从钩针数的第3针锁针连成1圈。

第1圈：1锁针，在环中钩8短针，用引拔针与第1针短针连成1圈。

剪断线后打结，留一段线头。

收尾
用白色线，沿白色的腹部锁缝一圈。按照图示的位置，用线头把耳朵缝到脸的后面，接着把眼睛缝到脸上。用蓝色绣花线在眼睛中间缝出瞳孔。用黑色绣花线在脸上缝出鼻子和嘴巴。把脸缝到鞋子上，把下面的边与鞋口的边对在一起(脸的大部分没有与鞋口缝合在一起，穿上后是立起来的)。把所有线头藏在反面。

实用小贴士
在收尾时，可以根据上面的图片，完成对熊猫鞋脸部细节的刻画。

10

ROARING LIONS

咆哮的狮子

{ 你不必去丛林中寻找这些可爱的狮子，它们喜欢居住在小脚丫上，为小脚丫带来舒适和温暖。穿上这款明快的鞋子，让你的孩子与野生动物为伍吧。

戴德里·尤伊斯

技术难度
1

工具与材料
乳酪黄色主色线
玉米黄色配色线1
桃红色配色线2
黑色配色线3
白色配色线4

钩针
4mm(美式G/6号)
需要时调整钩针的大小来钩出合适的密度。

附件
记号圈
毛线缝针

密度
短针钩20针、22行
测量大小为10cm×10cm

尺寸
0~6个月，鞋底长度9cm
6~12个月，鞋底长度10cm
提示：钩织针法是按0~6个月的尺寸给出的，6~12个月的不同钩法列在方括号中。

针法与技法
见钩织基础
(134~143页)

按行钩织
按圈钩织
在前线圈和后线圈上钩

鞋头

用主色线，螺旋着往下钩。

第1圈：3[4]锁针，在从钩针数的第2针锁针中钩2短针，下0[1]锁针中钩1短针，最后1锁针中钩4短针。在锁针的对边钩，下0[1]锁针中钩1短针，在已钩过2短针的锁针中钩2短针。(8[10]针)

第2圈：第1针中钩2短针，下2[3]针中各钩1短针，下2针中各钩2短针，下2[3]针中各钩1短针，最后1针中钩2短针。(12[14]针)

第3圈：第1针中钩2短针，下4[5]针中各钩1短针，下2针中各钩2短针，下4[5]针中各钩1短针，最后1针中钩2短针。(16[18]针)

第4圈：前2针中各钩2短针，下6[7]针中各钩1短针，下2针中各钩2短针，下6[7]针中各钩1短针。(20[22]针)

第5~7圈：每针中钩1短针。(20[22]针)

第8圈：前11针中各钩1短针，下9[11]针的后线圈中各钩1短针。(20[22]针)

第9圈：前4针的后线圈中各钩1短针，下7针中各钩1短针，下9[11]针的后线圈中各钩1短针。(20[22]针)

第10圈：前4针的后线圈中各钩1短针，下16[18]针中各钩1短针。(20[22]针)

尺寸大的鞋子加钩1圈：每针中钩1短针。([22]针)

鞋身

继续用主色线钩。
按行钩。

第1行：下16[17]针中各钩1短针，剩余的4[5]针不钩，翻转。(16[17]针)

第2行：1锁针，下15[16]针中各钩1短针，剩余的1针不钩，翻转。(15[16]针)

第3行：1锁针，每针中钩1短针，翻转。(15[16]针)

第4~11行：重复第3行。(15[16]针)

尺寸大的鞋子再往下钩：重复第3行2次。([16]针)

后跟接缝

正面相对，把鞋帮的最后1行对折到一起。从靠近自己一边的前线圈，钩入远离一边的后线圈，在上下两层的7[8]针中各钩1引拔针，将其连接起来。剪断线后打结。

鞋口钩边

用主色线。

第1圈：面对正面，沿着鞋口均匀地钩短针，一共钩26[31]针。用引拔针与第1针短针连成1圈。(26[31]针)

尺寸大的鞋子再钩1圈：每针中钩1短针。([31]针)

剪断线后打结，把线头藏在反面。

鬃毛

在鞋头第8~10圈后线圈上钩的针，在鞋子上面会形成2行突出来的前线圈。就这些前线圈上来钩鬃毛。

钩第1圈鬃毛时，把配色线1用引拔针引入第8圈右侧的前线圈，*在下1针中钩4短针，在下1针中钩引拔针；从*再重复6[7]次。剪断线后打结，把线头藏在反面。

钩第2圈鬃毛时，把配色线2用引拔针引入第9圈右侧的前线圈，*在下1针中钩4中长针，在下1针中钩引拔针；从*再重复6[7]次。剪断线后打结，把线头藏在反面。

收尾

鼻子

用配色线4，在起始锁针和鞋子的第1圈上缝出两个白色的三角形。参考上面的图片，用配色线3，在两个白色三角形中间缝一个倒三角形。

眼睛

把鞋子叠平，面对鞋头，在鞋头的第5圈上标出眼睛的位置，用配色线3缝出眼睛。

尾巴

用主色线。

先钩8锁针，然后在锁针的后半圈钩，在从钩针数的第2针锁针中钩引拔针，在剩余的针中钩引拔针。剪断线后打结，留出15cm长的线头。用线头把尾巴缝到后跟接缝的中间，在反面藏好线头。

流苏

用配色线2剪出三四条15cm长的线，把钩针插入尾巴的末端，把这几条线对折，用钩针都钩住，拉出1个环，把线尾折过来，从环中穿过，拉紧。修剪整齐。

11

BABY ELEPHANTS

象宝宝

穿上这双奇特的象宝宝鞋，去动物园玩吧。短短的四肢，大大的耳朵，这款鞋子非常迷人，因为身体和鼻子是一体的，所以钩起来也很容易。

劳拉·希拉尔

技术难度
2

工具与材料
鸭蛋青色主色线1
湖蓝色主色线2
黑色配色线1
姜黄色配色线2

钩针
2.5mm(见135页的"注意")
需要时调整钩针的大小来钩出合适的密度。

附件
聚酯纤维棉(少量，用于填充)
记号圈
毛线缝针

密度
中长针钩11针、8行
测量大小为5cm×5cm

尺寸
0~6个月，鞋底长度9cm
6~12个月，鞋底长度10cm
提示：钩织针法是按0~6个月的尺寸给出的，6~12个月的不同钩法列在方括号中。

针法与技法
见钩织基础
(134~143页)

按行钩织
按圈钩织
在前线圈和后线圈上钩
魔术环
短针2针并1针
短针隐形减针

说明
要与第1针中长针或锁针的上面连成1圈，开始钩新的1圈时，要在下1针中钩，而不是在连成1圈的那1针中钩。1圈的最后1针是在第1针中长针或锁针中钩引拔针。

鞋头
用主色线1。
第1圈：在魔术环中钩6短针。把魔术环拉紧，收缩在一起。(6针)

继续螺旋着往下钩。

第2圈：第1针中钩2短针，下5针中各钩1短针。(7针)

第3圈：第1针中钩2短针，下6针中各钩1短

针。(8针)

第4~5圈：每针中钩1短针。(8针)

第6圈：第1针中钩2短针，下7针中各钩1短针。(9针)

第7圈：第1针中钩2短针，下8针中各钩1短针。(10针)

第8圈：第1针中钩2短针，下9针中各钩1短

针。（11针）

第9圈：第1针中钩2短针，下10针中各钩1短针。（12针）

第10～11圈：每针中钩1短针。（12针）

第12圈：第1针中钩2短针，下11针中各钩1短针。（13针）

第13～15圈：每针中钩1短针。（13针）

第16圈：下7针中各钩2短针，下6针中各钩1短针。（20针）

第17圈：每针中钩1短针。（20针）

第18圈：下3针中各钩2短针，下4针中各钩1短针，下6针中各钩2短针，下4针中各钩1短针，下3针中各钩2短针。（32针）

第19～20圈：每针中钩1短针。（32针）

第21圈：下4针中各钩1短针，下1针中钩2短针，下7针中各钩1短针，下1针中钩2短针，下19针中各钩1短针。（34针）

第22～27圈：每针中钩1短针。（34针）

第28圈：下4针中各钩1短针，下2针中钩短针隐形减针，下7针中各钩1短针，下2针中钩短针隐形减针，下19针中各钩1短针。（32针）

只有尺寸大的鞋子需要钩：每针中钩1短针。钩2圈。（32针）

第29[31]圈：每针中钩1短针。（32针）

第30[32]圈：下26针中各钩1短针，然后换成主色线2，下6针中各钩1短针（这样是在鞋底上换颜色）。（32针）

继续往前钩，在下7针中各钩1短针，翻转。

下面按行钩。

鞋身

第1～9行：1锁针，下24针中各钩1短针，翻转。（24针）

第10行：1锁针，下9针中各钩1短针，短针2针并1针3次，下9针中各钩1短针，翻转。（21针）

第11行：1锁针，下6针中各钩1短针，短针2针并1针，下5针中各钩1短针，短针2针并1针，下6针中各钩1短针，翻转。（19针）

第12行：1锁针，下6针中各钩1短针，短针2针并1针，下3针中各钩1短针，短针2针并1针，下6针中各钩1短针。（17针）

鞋口钩边和连接后跟接缝

继续如下钩边：沿着行端钩，每个行端钩1短针，来到了最后1圈，在未钩的8针中各钩1短针，再沿着另一边的行端钩，每个行端钩1短针。

钩完最后1行后，如下连接后跟接缝：反面叠在一起，在前面4针中通过4个线圈各钩1短针，接着继续钩引拔针，只在中间的2个线圈上钩，钩至最后1针。剪断线后打结，把线头藏在反面。

耳朵
(每只鞋钩2个)

用主色线1。
在钩魔术环前先留出一段线头，缝合用。

第1圈：在魔术环中钩6短针。把魔术环拉紧，收缩在一起。(6针)

继续螺旋着往下钩。

第2圈：每针中钩2短针。(12针)

第3圈：*第1针中钩2短针，下1针中钩1短针；从*重复至圈末。(18针)

换成主色线2。

第4圈：每针中钩1短针。(18针)

把耳朵叠起来，在顶边中间的2个线圈上钩短针，将其连在一起，沿着接下来的8针同样钩，在前面形成脊状的小纹路。为了取得更好的效果，可在两边各多钩1短针，这样看起来更漂亮。剪断线后打结，把线头藏在反面。

眼睛
(每只鞋钩2个)

用配色线1。
第1圈：在魔术环中钩6短针。把魔术环拉紧，收缩在一起。(6针)

换成配色线2，继续螺旋着往下钩。

第2圈：下5针中各钩2短针，下1针中钩1短针，用引拔针与第1针短针连成1圈。

剪断线后打结 留一段线头。

腿
(每只鞋钩4个)

用配色线2。
第1圈：在魔术环中钩6短针。把魔术环拉紧，收缩在一起。(6针)

继续螺旋着往下钩。

第2圈：*下1针中钩2短针，下1针中钩1短针；从*重复至圈末。(9针)

换成主色线2。

第3圈：在每针的后线圈中钩1短针。(9针)

第4圈：每针中钩1短针。

第5圈：下8针中各钩1短针，在最后1针中钩引拔针。

剪断线后打结，留出一长段线头，用来把腿缝到身体上。填充聚酯纤维棉，填实。

收尾
现在把腿缝在鞋底上，把鞋子放在平面上，按照图片，用大头针标出腿的位置。把腿缝到位。把线头藏在反面。按照图片，用留出的线头分别把眼睛、耳朵缝到鞋子上。

实用小贴士

凉水洗涤，轻拍去水，不要拧，晾干。

SNAPPY CROCS

12

迅猛的鳄鱼

{ 再见，短吻鳄！有了这款漂亮的爬行动物鞋，你的小宝宝会成为街区里穿衣服最迅速的人。

劳拉·希拉尔

技术难度
2

工具与材料
军绿色主色线
姜黄色配色线1
浅绿色配色线2

钩针
2.5mm(见135页的"注意")
需要时调整钩针的大小来钩出
合适的密度。

附件
记号圈
毛线缝针

密度
中长针钩11针、8行
测量大小为5cm×5cm

尺寸
0~6个月，鞋底长度9cm
6~12个月，鞋底长度10cm
提示：钩织针法是按0~6个月的尺寸给出的，6~12个月的不同钩法列在方括号中。

针法与技法
见钩织基础
(134~143页)

按行钩织
按圈钩织
魔术环
短针隐形减针

说明
行开始时的1锁针不算作1针，钩1锁针后，在同1针中钩第1针短针。

头部
用主色线。
第1圈：在魔术环中钩6短针。把魔术环拉紧，收缩在一起。(6针)

继续螺旋着往下钩。

第2圈：每针中钩2短针。(12针)

第3圈：每针中钩1短针。(12针)

第4圈：*下1针中钩2短针，下5针中各钩1短针；从*再重复1次。(14针)

第5圈：每针中钩1短针。(14针)

第6圈：*下1针中钩2短针，下6针中各钩1短针；从*再重复1次。(16针)

第7圈：*下1针中钩2短针，下7针中各钩1短针；从*再重复1次。(18针)

第8圈：*下2针中各钩2短针，下7针中各钩1短针；从*再重复1次。(22针)

第9圈：下3针中各钩2短针，下2针中各钩1短针，下4针中各钩2短针，下2针中各钩1短针，下3针中各钩2短针，下8针中各钩1短针。(32针)

第10~12圈：每针中钩1短针。(32针)

第13圈：下4针中各钩1短针，下1针中钩2短针，下12针中各钩1短针，下1针中钩2短针，下14针中各钩1短针。(34针)

第14圈：每针中钩1短针。(34针)

只有尺寸大的鞋子需要钩：重复第14圈。

第15[16]圈：下4针中各钩1短针，下2针中钩短针隐形减针，下14针中各钩1短针，下2针中钩短针隐形减针，下12针中各钩1短针。(32针)

第16[17]圈：每针中钩1短针。(32针)

只有尺寸大的鞋子需要钩：每针中钩1短针。(32针)

继续往前钩，在下9针中各钩1短针，翻转。

下面按行继续钩身体。

身体
第1~9行：1锁针，下24针中各钩1短针，翻转。(24针)

第10行：1锁针，下24针中各钩1短针。(24针)

不翻转，下面按圈继续钩尾巴。用记号圈标记新的1圈的开始处。

尾巴
第1圈：8锁针，下24针中各钩1短针。

继续螺旋着往下钩。

第2圈：下8锁针中各钩1短针，下24针中各钩1短针。(32针)

第3圈：*下2针中钩短针隐形减针，下1针中钩1短针；从*再重复5次，下14针中各钩1短针。(26针)

第4圈：下6针中各钩1短针，下2针中钩短针隐形减针，下18针中各钩1短针。(25针)

第5圈：下23针中各钩1短针，下2针中钩短针隐形减针。(24针)

第6圈：*下2针中钩短针隐形减针，下1针中钩1短针；从*再重复2次，下13针中各钩1短针，下2针中钩短针隐形减针。(20针)

第7圈：*下2针中钩短针隐形减针，下1针中钩1短针；从*再重复1次，下12针中各钩1短针，下2针中钩短针隐形减针。(17针)

第8圈：*下2针中钩短针隐形减针，下1针中钩1短针；从*再重复1次，下9针中各钩1短针，下2针中钩短针隐形减针。(14针)

第9圈：下3针中各钩1短针，下2针中钩短针隐形减针，下9针中各钩1短针。(13针)

第10圈：下3针中各钩1短针，下2针中钩短针隐形减针，下8针中各钩1短针。(12针)

第11圈：下3针中各钩1短针，下2针中钩短针隐形减针，下7针中各钩1短针。(11针)

第12圈：下3针中各钩1短针，下2针中钩短针隐形减针，下6针中各钩1短针。(10针)

第13圈：下3针中各钩1短针，下2针中钩短针隐形减针，下5针中各钩1短针。(9针)

第14圈：下3针中各钩1短针，下2针中钩短针隐形减针，下4针中各钩1短针。(8针)

第15圈：下2针中各钩1短针，*下2针中钩短针隐形减针；从*再重复1次，下2针中各钩1短针。(6针)

第16圈：下1针中钩1短针，*下2针中钩短针

隐形减针；从*再重复1次，在最后1针中钩引拔针。(4针)

为了整齐，剩下4个短针不钩，把线剪断，穿到毛线缝针上，穿过剩余的短针，收到一起，剪断线后打结，把线头藏在反面。

鞋口钩边

用主色线，沿着鞋口如下钩：

从一边开始钩，下11针中各钩1短针，然后沿着头部的边钩，*下2针中钩短针隐形减针；从*再重复4次，接下来在另一边的11针中各钩1短针，钩到了后面，下3针中各钩1短针，下2针中钩短针隐形减针，下3针中各钩1短针，用引拔针与第1针短针连成1圈。剪断线后打结，把线头藏在反面。

眼睛
（每只鞋钩2个）

用配色线2。

第1圈： 在魔术环中钩6短针。把魔术环拉紧，收缩在一起。(6针)

换成配色线1，继续螺旋着往下钩。

第2圈： 下6针中各钩2短针。(12针)

换成主色线继续钩。

第3圈： 下11针中各钩1短针，在最后1针中钩引拔针。

剪断线后打结，留出一长段线头，用来把眼睛缝到鞋子上。

腿
（每只鞋钩4个，2个用主色线，2个用

配色线1）

第1圈： 在魔术环中钩6短针。把魔术环拉紧，收缩在一起。(6针)

继续螺旋着往下钩。

第2圈： 下5针中各钩2短针，最后1针中钩1短针。(11针)

第3圈： *下2针中钩短针隐形减针；从*再重复1次，下7针中各钩1短针。(9针)

第4圈： *下2针中钩短针隐形减针；从*再重复1次，下4针中各钩1短针，在最后1针中钩引拔针。(7针)

剪断线后打结，留出一长段线头，用来把腿缝到身体上。

收尾

现在把腿缝在鞋底上，把鞋子放在平面上，按照图片，用大头针标出腿的位置。把腿缝到位。把线头藏在反面。

最后，如下刻画鼻孔和爪子的细节：在每个细节处，缝1个短的卧式针脚，接着在上面继续缝，直到达到满意的效果，缝针越多，鼻孔和爪子看起来越大。

13 HAMMERHEAD SHARKS

锤头鲨

小宝宝会铁了心地喜欢上这双可爱的鞋子，鞋头下面微笑的脸庞是最吸引人的细节。这双逼真的鲨鱼鞋是分开钩织再合为一体的。

克里斯季·辛普森

技术难度
3

工具与材料
银灰色主色线
白色配色线1
炭灰色配色线2

钩针
3.5mm(美式E/4号)
需要时调整钩针的大小来钩出合适的密度。

附件
记号圈
毛线缝针

密度
短针钩9针、11行
测量大小为5cm×5cm

尺寸
0～6个月，鞋底长度9cm
6～12个月，鞋底长度10cm
提示：钩织针法是按0～6个月的尺寸给出的，6～12个月的不同钩法列在方括号中。

针法与技法
见钩织基础
(134～143页)

按行钩织
按圈钩织
在前线圈上钩
短针2针并1针

说明
两种尺寸的鞋的头、尾、鳍大小都一样。

头
用主色线。

第1行：16锁针，在从钩针数的第2针锁针中钩1短针，在剩余的锁针中各钩1短针，翻转。(15针)

第2～5行：1锁针，每针中钩1短针，翻转。(15针)

在第5行的最后1针短针中换成配色线1。

第6行：1锁针，在每针的前线圈中各钩1短针，翻转。(15针)

第7～12行：1锁针，每针中钩1短针，翻转。(15针)

剪断线后打结。把线头藏在反面。

把头部对折，把两边缝到一起，从每端向中间各缝进4针，中间留7针不缝。

接着，按照图片，在配色线1部分的中间，用主色线缝出嘴巴。用配色线2在头部两边缝出眼睛。

身体

用主色线。

第1圈：把主色线引入头部上面主色线的中间。1锁针，沿着头部在没缝的每针中各钩1短针，用引拔针与第1针短针连成1圈。(14针)

第2圈：1锁针，每针中钩1短针。(14针)

继续螺旋着往下钩。

第3圈：下1针中钩2短针，下12针中各钩1短针，最后1针中钩2短针。(16针)

第4圈：下1针中钩2短针，下14针中各钩1短针，最后1针中钩2短针。(18针)

第5圈：下1针中钩2短针，下16针中各钩1短针，最后1针中钩2短针。(20针)

第6~7圈：每针中钩1短针。(20针)

下面按行钩。

第1~11[15]行：1锁针，下20针中各钩1短针，翻转。(20针)

第12[16]行：1锁针，下7针中各钩1短针，短针2针并1针3次，下7针中各钩1短针。(17针)

剪断线后打结，留出一长段线头。把边(最后1行)对折，用毛线缝针把边缝到一起。

尾巴

(每只鞋钩2片)

用主色线。

第1行：6锁针，在从钩针数的第2针锁针中钩1短针，在剩余的锁针中各钩1短针，翻转。(5针)

第2行：1锁针，下1针中钩2短针，下3针中各钩1短针，最后1针中钩2短针，翻转。(7针)

第3行：1锁针，下1针中钩2短针，下5针中各钩1短针，最后1针中钩2短针，翻转。(9针)

第4行：1锁针，下1针中钩2短针，下7针中各钩1短针，最后1针中钩2短针，翻转。(11针)

继续钩尾巴的右边。

尾巴的右边

第5行：1锁针，下4针中各钩1短针，短针2针并1针，翻转，剩余的针不钩。(5针)

第6行：1锁针，每针中钩1短针，翻转。(5针)

第7行：1锁针，下3针中各钩1短针，短针2针并1针，翻转。(4针)

第8行：1锁针，每针中钩1短针，翻转。(4针)

第9行：1锁针，短针2针并1针2次，翻转。(2针)

第10行：1锁针，每针中钩1短针，翻转。(2针)

第11行：1锁针，短针2针并1针。(1针)

剪断线后打结。把线头藏在反面。

尾巴的左边
第5行：把线引入尾巴第4行未钩的针中，同一针中钩1短针，短针2针并1针，下2针中各钩1短针，翻转。(4针)

第6行：1锁针，每针中钩1短针，翻转。(4针)

第7行：1锁针，短针2针并1针，下2针中各钩1长针。(3针)

剪断线后打结。把线头藏在反面。

用毛线缝针，把2片尾巴缝到一起，第1行不缝。现在按圈钩。

第1圈：把线引入任意1针，沿着尾巴的第1行钩，在每针中钩1短针，不连成1圈。(10针)

第2圈：每针中钩2短针，用引拔针与第1针短针连成1圈。(20针)

剪断线后打结，留出一长段线头。

用毛线缝针，把尾巴缝到后跟的中间。

背鳍
(每只鞋钩1个)

用主色线。
第1圈：2锁针，在从钩针数的第2针锁针中钩3短针，不连成1圈。(3针)

继续螺旋着往下钩。

第2圈：每针中钩2短针。(6针)

第3圈：*下1针中钩1短针，下1针中钩2短针；从*再重复2次。(9针)

第4~5圈：每针中钩1短针。(9针)

第6圈：下4针中各钩1短针，下5针中各钩1长针。(9针)

第7圈：下4针中各钩1短针，下5针中各钩1长针，用引拔针与第1针短针连成1圈。(9针)

剪断线后打结，留出一长段线头。用毛线缝针把背鳍缝到鞋口前面中间的位置。

腹鳍
(每只鞋用主色线和配色线1各钩2片)

第1行：5锁针，在从钩针数的第2针锁针中钩1短针，在剩余的锁针中各钩1短针，翻转。(4针)

第2~4行：1锁针，每针中钩1短针，翻转。(4针)

第5行：1锁针，短针2针并1针2次，翻转。(2针)

第6行：1锁针，每针中钩1短针，翻转。(2针)

第7行：1锁针，短针2针并1针。(1针)

剪断线后打结，把线头藏在反面。用主色线把两种颜色的腹鳍缝到一起，再缝到鞋子上。

鞋口钩边
用引拔针把主色线引入后跟接缝处，1锁针，在每行边上各钩1短针，用引拔针与第1针短针连成1圈。剪断线后打结，把线头藏在反面。

OCTO TOES

章鱼的触角

为热爱海洋的小朋友钩一双甜美的章鱼鞋口的靴子式便鞋吧。拿起钩针，开始钩吧。也可以尝试着钩成粉色的柔软的鱿鱼。

莉萨·古铁雷斯

技术难度
1

工具与材料
蓝色主色线1
橙色主色线2
黑色配色线

钩针
3.75mm(美式F/5号)
需要时调整钩针的大小来钩出合适的密度。

附件
黑色绣花线
记号圈
毛线缝针

密度
中长针钩11针、8行
测量大小为5cm×5cm

尺寸
0~6个月，鞋底长度9cm
6~12个月，鞋底长度10cm
提示：钩织针法是按0~6个月的尺寸给出的，6~12个月的不同钩法列在方括号中。

针法与技法
见钩织基础
(134~143页)

鞋底1
按圈钩织
在后线圈上钩
短针2针并1针

说明
当按圈钩织时，连成1圈的引拔针是钩在第1针中的，第1针锁针不算作1针。

鞋底
用主色线1，钩鞋底1。

剪断线后打结，接着把主色线1引入后跟中间的1针。继续钩鞋面。

鞋面
第1圈： 1锁针，在每针的后线圈中钩1中长针，用引拔针与第1针中长针连成1圈。(46[50]针)

第2圈： 1锁针，前11[12]针中各钩1短针，下24[26]针中各钩1中长针，下11[12]针中各钩1短针，用引拔针与第1针短针连成1圈。(46[50]针)

第3圈： 重复第2圈。

第4圈： 1锁针，每针中钩1短针，用引拔针与第1针短针连成1圈。(46[50]针)

第5圈： 1锁针，前14[15]针中各钩1短针，*短针2针并1针，下2针中各钩1短针；从*再重复3[4]次，短针2针并1针1[0]次，下

14[15]针中各钩1短针，用引拔针与第1针短针连成1圈。(41[45]针)

第6圈：1锁针，前16[17]针中各钩1短针，*短针2针并1针，下1针中钩1短针；从*再重复2次，短针2针并1针0[1]次，下16[17]针中各钩1短针，用引拔针与第1针短针连成1圈。(38[41]针)

第7圈：1锁针，前12[13]针中各钩1短针，短针2针并1针7[8]次，下12针中各钩1短针，用引拔针与第1针短针连成1圈。(31[33]针)

第8圈：1锁针，前12[13]针中各钩1短针，短针2针并1针4次，下11[12]针中各钩1短针，用引拔针与第1针短针连成1圈。(27[29]针)

第9圈：1锁针，前12[13]针中各钩1短针，短针2针并1针2次，下11[12]针中各钩1短针，用引拔针与第1针短针连成1圈。(25[27]针)

第10圈：1锁针，每针中钩1短针，用引拔针与第1针短针连成1圈。(25[27]针)

第11~12圈：重复第10圈。

换成主色线2。

第13圈：1锁针，每针中钩1中长针，用引拔针与第1针中长针连成1圈。(25[27]针)

第14~22圈：重复第13圈。

第23圈：(*10锁针，在从钩针数的第2针锁针中钩2短针，下8锁针中各钩2短针，在第22圈基础上钩的10锁针的同一针中钩引拔针*，下2针中各钩1短针，下1针钩引拔针；从*到*再重复1次，下2[3]针中各钩1短针，下1针中钩引拔针)；把括号中的针法再重复2次；从*到*再重复1次，下2针中各钩1短针，下1针中钩引拔针，从*到*再重复1次，下2针中各钩1短针，在第1针锁针中钩引拔针。(8个触角)

剪断线后打结，把线头藏在反面。

收尾
把鞋子的上面翻过来，用黑线通过两层绣出眼睛和嘴。

15 WONDERFUL
WHALES

奇妙的鲸鱼

{ 休假探险时，让这些小小的鲸鱼鞋来保护孩子的小脚丫吧。在这个有趣的设计中，用鞋带把鞋口从中间系上，形成鲸鱼的喷水口。绣上宽宽的微笑的嘴巴更增添了几分可爱。

帕特里夏·卡斯蒂略

技术难度
2

工具与材料
淡蔚蓝色主色线
白色配色线

钩针
3.25mm(美式D/3号)
需要时调整钩针的大小来钩出合适的密度。

附件
黑色绣花线
记号圈
毛线缝针

密度
短针钩10针、12行
测量大小为5cm×5cm

尺寸
0~6个月，鞋底长度9cm
6~12个月，鞋底长度10cm
提示：钩织针法是按0~6个月的尺寸给出的，6~12个月的不同钩法列在方括号中。

针法与技法
见钩织基础
(134~143页)

鞋底1
按圈钩织
魔术环
短针2针并1针
中长针2针并1针

说明
用引拔针与第1针短针 连成1圈。
第1针锁针不算作1针。

鞋底
用主色线钩鞋底1。

不剪断线，继续钩鞋面。

鞋面
每圈钩的第1针短针与引拔针在同一位置。

第1~4圈：1锁针，每针中钩1短针，用引拔针与第1针短

实用小贴士
为了确保鞋带不会被小手扯掉，可以缝几针把鞋带的一边固定到鞋子上。

针连成1圈。(46[50]针)

第5圈： 1锁针，下8[10]针中各钩1短针，*中长针2针并1针，下1针中钩1中长针，从*再重复5次，下20[22]针中各钩1短针，用引拔针与第1针短针连成1圈。(40[44]针)

第6圈： 1锁针，下8[10]针中各钩1短针，*中长针2针并1针，下1针中钩1中长针，从*再重复3次，下20[22]针中各钩1短针，用引拔针与第1针短针连成1圈。(36[40]针)

第7圈： 1锁针，下4[6]针中各钩1短针，2锁针，跳过下1针，下14[13]针中各钩1短针，2锁针，跳过下1针，下16[19]针中各钩1短针，用引拔针与第1针短针连成1圈。

剪断线后打结，把线头藏在反面。

喷水孔(鞋带)
用配色线。
剪3条25cm长的线。把3条线放在一起，在距一端约1cm处打结，用3条线编辫子，在距末端1cm处打结。穿过鞋面上面第7圈的2锁针处，系在一起。

尾巴
用主色线。

尾巴的尾片先分别按圈钩，再连在一起。
第1圈： 在魔术环中钩6短针，把魔术环拉紧，收缩在一起。用引拔针与第1针短针连

成1圈。(6针)

第2圈：1锁针，每针中钩1短针，用引拔针与第1针短针连成1圈。(6针)

第3圈：1锁针，每针中钩2短针，用引拔针与第1针短针连成1圈。(12针)

第4圈：1锁针，每针中钩1短针，用引拔针与第1针短针连成1圈。(12针)

剪断线后打结，把线头藏在反面。

再按上面的第1~4圈钩一个尾片，但不剪断线，继续螺旋着往下钩。用记号圈来标记圈的开始处。

第5圈：把钩针插入第1片尾片第4圈的结尾处，短针2针并1针6次，不剪断线，继续在第2片尾片上钩短针2针并1针6次。(12针)

第6圈：短针2针并1针，下3针中各钩1短针，短针2针并1针，下5针中各钩1短针。(10针)

第7~9圈：每针中钩1短针。(10针)

剪断线后打结，留出一段长线头，用来把尾巴缝到后跟上。

鳍
（每只鞋钩2个）

第1圈：在魔术环中钩6短针，把魔术环拉紧，收缩在一起。用引拔针与第1针短针连成1圈。(6针)

第2圈：1锁针，每针中钩1短针，用引拔针与第1针短针连成1圈。(6针)

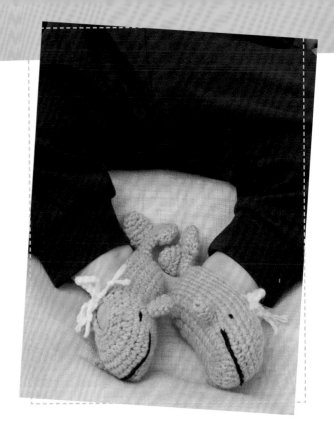

第3~4圈：重复第2圈。

剪断线后打结，留出线头，用来将其缝到鞋子两边。

收尾
把尾巴缝到鞋子的后跟处，把鳍缝到鞋头的两边。用黑色绣花线按照图片所示绣出眼睛和嘴巴。

CUTE

CREATURES

可爱的小家伙

BAA BAA BOOTIES

咩咩羊鞋子

胆怯的表情，卷曲的羊毛，这款迷人的小羊鞋非常有趣和有特点。鞋子的前端是按圈钩织的，鞋身是按行钩织的。

莉萨·古铁雷斯

技术难度
2

工具与材料
米白色主色线
淡奶咖色配色线

钩针
3.5mm(美式E/4号)
需要时调整钩针的大小来钩出
合适的密度。

附件
黑色绣花线
记号圈
毛线缝针

密度
短针钩10针、10行
测量大小为5cm×5cm

尺寸
0~6个月，鞋底长度9cm
6~12个月，鞋底长度10cm
提示：钩织针法是按0~6个月
的尺寸给出的，6~12个月的不
同钩法列在方括号中。

针法与技法
见钩织基础
(134~143页)

按行钩织
按圈钩织
在前线圈和后线圈上钩
短针2针并1针

鞋头
用主色线。

基础环：4锁针，用引拔针与第1针锁针连成1圈。

第1圈：1锁针，在环中钩8短针，用引拔针与第1针短针连成1圈。(8针)

继续螺旋着往下钩。

第2圈：每针中钩2短针。(16针)

第3圈：*下1针中钩1短针，下1针中钩2短针；从*重复至圈末。(24针)

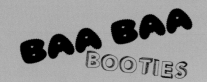

第4～5圈：每针中钩1短针。(24针)

第6圈：*下2针中各钩1短针，下1针中钩2短针；从*重复至圈末。(32针)

第7～9圈：每针中钩1短针。(32针)

第10圈：在下8针的后线圈中各钩1短针，在剩余24针的2个线圈上各钩1短针，翻转。

不要剪断线。继续按行钩鞋身。

鞋身
第1行：1锁针，下24针中各钩1短针，翻转。(24针)

第2～12行：重复第1行。

只有尺寸大的鞋子需要钩：重复第1行2次。

剪断线后打结。

后跟
用主色线。
把线引入最后1行从右侧数的第8针中。

第1行：1锁针，在基础锁针上钩1短针，下7针中各钩1短针，翻转。(8针)

第2～8行：重复第1行。

剪断线后打结。

面对反面(把鞋子的里面翻出来)把后跟与左右两边的鞋帮分别对在一起，用引拨针在两层上钩，将后跟的2个缝连在一起。剪断线后打结，把线头藏在反面。

鞋口钩边
用主色线。
第1圈：把主色线用引拨针引入鞋口左上角鞋帮的第1行中，1锁针，沿着边均匀地钩10[12]短针，在后跟的接缝处钩短针2针并1针，在后跟上均匀地钩4短针，在后跟的另一接缝处钩短针2针并1针，沿着右侧鞋帮的边均匀地钩10[12]短针。

剪断线后打结，把线头藏在反面。

耳朵
(每只鞋钩2个)

用主色线。
第1行：4锁针，在从钩针数的第2针锁针中钩2短针，下1锁针中钩1短针，最后1锁针中钩2短针，翻转。(5针)

第2行：1锁针，每针中钩1短针，翻转。(5针)

第3行：1锁针，短针2针并1针，下3针中各钩1短针，翻转。(4针)

第4行：1锁针，下2针中各钩1短针，短针2针并1针。(3针)

第5行：1锁针，短针2针并1针，下1针中钩1短针，翻转。(2针)

第6行：1锁针，短针2针并1针。

剪断线后打结，留出一段长线头。

羊毛
在鞋头最后2圈的鞋口处钩圈作为羊毛，面对鞋头钩。

用配色线。
第1行：跳过从开始处数的8针，把配色线

用引拔针引入鞋头第9圈1针的前线圈，*6锁针，用引拔针钩入下1针；从*再重复7次，翻转。

第2行：只在鞋头的第10圈上钩，*6锁针，用引拔针钩入下1针；从*再重复7次。

剪断线后打结，把线头藏在反面。

收尾
用线头把耳朵缝到羊毛的两边。用黑色绣花线以倒缝针法缝出眼睛和鼻子等。剪断线后打结，把线头藏在反面。

实用小贴士

为了使你的礼物更特别，可以找一个盒子，里面放入碎碎的棉纸，在小鞋里面塞上白色的棉纸放在盒子中，用包装纸包后系上丝带即可。

17 ADORABLE DUCKLINGS

可爱的小鸭

> 这款迷人的小鞋穿在宝宝脚上漂亮极了。可爱的脸部构成了鞋面，绣的眼睛和钩的嘴巴增加了鸭子的特性。嘎嘎！嘎嘎！

埃玛·瓦尔纳姆

技术难度
1

工具与材料
鹅黄色主色线
橘黄色配色线

钩针
3.5mm(美式E/4号)
需要时调整钩针的大小来钩出合适的密度。

附件
黑色绣花线
记号圈
毛线缝针

密度
短针钩10针、10行
测量大小为5cm×5cm

尺寸
0～6个月，鞋底长度9cm
6～12个月，鞋底长度10cm
提示：钩织针法是按0～6个月的尺寸给出的，6～12个月的不同钩法列在方括号中。

针法与技法
见钩织基础
(134～143页)

鞋底1
按圈钩织
在前线圈和后线圈上钩
短针2针并1针
螃蟹针

鞋底
用主色线钩鞋底1。

不剪断线，继续钩鞋面。

鞋面
第1圈： 1锁针，跳过基础的1锁针，在接下来45[49]针的后线圈中各钩1短针，用引拔针与第1针短针连成1圈。(45[49]针)

第2～4圈： 在每针的2个线圈上钩，重复第1圈。

第5圈： 1锁针，下3[5]针中各钩1短针，*在前线圈上钩短针

实用小贴士
可以换用不同的颜色，钩出五颜六色的小鸭鞋，选用天蓝色，可以钩成蓝色的知更鸟鞋子。

2针并1针，下1针中钩1短针；从*再重复7次，下18[20]针中各钩1短针，用引拔针与第1针短针连成1圈。(37[41]针)

第6圈： 1锁针，下3[5]针中各钩1短针，在前线圈上钩短针2针并1针8次，下18[20]针中各钩1短针，用引拔针与第1针短针连成1圈。(29[33]针)

剪断线后打结。把线头藏在反面。

尾巴
用主色线，把线引入鞋面的第21针(在鞋跟处)，跳过下1针，下1针中钩5长针，跳过下1针，下1针钩引拔针。

剪断线后打结。把线头藏在反面。

脸
用主色线。

基础环： 3锁针，用引拔针与第1针锁针连成1圈。

第1圈： 1锁针，在环中钩8短针，用引拔针与第1针短针连成1圈。(8针)

继续螺旋着往下钩。

第2圈： 每针中钩2短针。(16针)

第3圈： *下1针中钩1短针，下1针中钩2短针；从*再重复7次。(24针)

第4圈： *下2针中各钩1短针，下1针中钩2短针；从*再重复7次。(32针)

第5圈： 1锁针，接下来每针中钩1螃蟹针。

剪断线后打结。

鸭嘴
用配色线。

基础环： 3锁针，用引拔针与第1针锁针连成1圈。

第1圈： 1锁针，在环中钩4短针，用引拔针与第1针短针连成1圈。(4针)

继续螺旋着往下钩。

第2圈： 每针中钩2短针。(8针)

第3圈： 每针中钩1短针。(8针)

剪断线后打结 留一段线头。

脚
(每只鞋钩2个)

用配色线。

基础环： 3锁针，用引拔针与第1针锁针连成1圈。

第1圈： 1锁针，在环中钩8短针，用引拔针与第1针短针连成1圈。(8针)

继续螺旋着往下钩。

第2圈： 每针中钩2短针。(16针)

剪断线后打结 留一段线头。

收尾

按照图片所示，用线头把脚缝到鞋子前面的鞋底上。把鸭嘴缝到脸中间，用黑色绣花线缝出眼睛。把脸牢固地缝到鞋子前面，把线头藏在反面。

**实用
小贴士**

可以剪2块橘黄色的毛毡，缝在鞋子两边，做成翅膀。

18

BUNNY♥ HOP TOES

小兔子乖乖

这款安睡的兔宝宝有着长长的耳朵和圆圆的小尾巴，能给小脚丫带来特别的呵护，与睡衣相配是完美的睡眠服饰。

劳拉·希拉尔

技术难度
1

工具与材料
粉红色主色线1
淡绿色主色线2
浅灰色配色线1
浅蓝色配色线2
浅橘红色配色线3

钩针
0~6个月用2.5mm
6~12个月用3.0mm
(见135页的"注意")
需要时调整钩针的大小来钩出合适的密度。

附件
黑色绣花线
聚酯纤维棉(少量，用于填充)
记号圈
毛线缝针

密度
2.5mm 钩针中长针钩11针、8行测量大小为5cm×5cm
3.0mm 钩针中长针钩11针、8行测量大小为5.5cm×5.5cm

尺寸
0~6个月，鞋底长度9cm
6~12个月，鞋底长度10cm
提示：钩织针法是按0~6个月的尺寸给出的，6~12个月的不同钩法列在方括号中。

针法与技法
见钩织基础
(134~143页)

按圈钩织
在后线圈上钩
魔术环
短针隐形减针

说明
第1针锁针不算作1针。钩的第1针短针与第1针锁针在同一处。

鞋底
用主色线2。

第1圈： 13锁针，在从钩针数的第3针锁针中钩1中长针，下9锁针中各钩1中长针，最后1锁针中钩6中长针，在对边钩，下9锁针中各钩1中长针，最后1锁针中钩5中长针，用引拔针与第1针中长针连成1圈。(30针)

第2圈： 1锁针，下10针中各钩1中长针，下5针中各钩2中长针，下10针中各钩1中长针，下5针中各钩2中长针，用引拔针与第1针中长针连成1圈。(40针)

实用小贴士

把所有的残头都藏起来，使钩好的鞋子看起来更精致、更漂亮。

第3圈：1锁针，下10针中各钩1中长针，*下1针中钩2中长针，下1针中钩1中长针*；从*重复到*4次，下10针中各钩1中长针；从*重复到*5次，用引拔针与第1针中长针连成1圈。（50针）

鞋面

换成主色线1继续按圈钩鞋面。

第1圈：1锁针，下50针的后线圈中各钩1短针，用引拔针与第1针短针连成1圈。（50针）

第2~5圈：1锁针，每针中钩1短针，用引拔针与第1针短针连成1圈。（50针）

第6圈：1锁针，下1针中钩1短针，*下2针中钩短针隐形减针，下1针中钩1短针；从*再重复9次，下9针中各钩1短针，下2针中钩短针隐形减针，下7针中各钩1短针，用引拔针与第1针短针连成1圈。（38针）

第7圈：每针中钩1短针，用引拔针与第1针短针连成1圈。（38针）

第8圈：下7针中各钩1短针，*下2针中钩短

针隐形减针；从*再重复3次，下13针中各钩1短针，下2针中钩短针隐形减针，下1针中钩1短针，下2针中钩短针隐形减针，下5针中各钩1短针，用引拔针与第1针短针连成1圈。（32针）

剪断线后打结。

耳朵

（每只鞋钩2个）

用主色线2。

第1圈：在魔术环中钩6短针。把魔术环拉紧，收缩在一起。（6针）

继续螺旋着往下钩。

第2圈：*下1针中钩2短针，下1针中钩1短针；从*重复至圈末。（9针）

第3圈：*下1针中钩2短针，下2针中各钩1短针；从*重复至圈末。（12针）

第4~6圈：每针中钩1短针。（12针）

第7圈：*下2针中钩短针隐形减针；从*再重复2次，下6针中各钩1短针。（9针）

第8圈：*下2针中钩短针隐形减针；从*再重复1次，下4针中各钩1短针，在最后1针中钩引拔针。（7针）

剪断线后打结，留出一段长线头。

眼睛

（每只鞋钩2个）

用配色线1。

第1圈：在魔术环中钩6短针。把魔术环拉紧，收缩在一起。（6针）

继续螺旋着往下钩。

实用小贴士

用黑色线在每只眼睛中间绣一个圆圈，就变成了醒来的兔子的大大的眼睛。

第2圈： 下2针中各钩2短针，下2针中各钩1短针，下2针中各钩2短针。(10针)

第3圈： 下2针中各钩1短针，下2针中各钩2短针，下2针中各钩1短针，下2针中各钩2短针，下1针中钩1短针，在最后1针中钩引拔针。(14针)

剪断线后打结，留出一段长线头。绣上睡眠中闭上的眼，参照图片所示，用黑色绣花线和长针脚来绣。

尾巴

用配色线2。

第1圈： 在魔术环中钩6短针。把魔术环拉紧，收缩在一起。(6针)
继续螺旋着往下钩。

第2圈： 每针中钩2短针。(12针)

第3圈： ＊下1针中钩2短针，下1针中钩1短针；从＊重复至圈末。(18针)

第4圈： ＊下1针中钩2短针，下2针中各钩1短针；从＊重复至圈末。(24针)

第5~6圈： 每针中钩1短针。(24针)

第7圈： ＊下2针中钩短针隐形减针，下2针中各钩1短针；从＊重复至圈末。(18针)

填充聚酯纤维棉。

第8圈： ＊下2针中钩短针隐形减针；从＊再重复7次，下1针中钩1短针，在最后1针中钩引拔针。(10针)

剪断线后打结 留一段线头。

收尾

取一长段配色线3和毛线缝针。在鞋头上你觉得应该是鼻子的位置，缝一个长长的卧式针脚，在上面缝到满意的厚度为止。在第1个针脚下面缝第2个卧式针脚，在上面缝。在第2个针脚下面缝第3个卧式针脚，在上面继续缝。然后在所有这3个长针脚上缝，盖住了前面的针脚，形成了可爱的、胖乎乎的鼻子。

19 BUZZY♥BEE SLIPPERS

小蜜蜂嗡嗡嗡

> 穿上这双可爱的玛丽珍风格的鞋，在街上跑来跑去快乐地玩耍吧。这款鞋钩起来很容易，穿上去特别引人注目，而且也能温暖孩子的小脚丫。
>
> 克里斯季·辛普森

技术难度
1

工具与材料
金黄色主色线1
深灰色主色线2
白色配色线

钩针
0~6个月用2.5mm
6~12个月用3.0mm
（见135页的"注意"）
需要时调整钩针的大小来钩出合适的密度。

附件
记号圈
毛线缝针

密度
短针钩18针、22行
测量大小为10cm×10cm

尺寸
0~6个月，鞋底长度9cm
6~12个月，鞋底长度10cm
提示：钩织针法是按0~6个月的尺寸给出的，6~12个月的不同钩法列在方括号中。

针法与技法
见钩织基础
（134~143页）

按行钩织
按圈钩织
短针2针并1针
短针3针并1针

说明
鞋子从鞋尖钩到后跟。
两种尺寸的鞋的眼睛、触角、翅膀和装饰都是一样的。

鞋头
用主色线1。
第1圈：2锁针，在从钩针数的第2针锁针中钩6短针。（6针）

继续螺旋着往下钩。

第2圈：每针中钩2短针。（12针）

第3圈：*下1针中钩1短针，下1针中钩2短针；从*再重复5次。（18针）

第4圈：*下2针中各钩1短针，下1针中钩2短针；从*

实用小贴士

换颜色时，把最后一针钩到需要最后一次把线拉过线圈时，放下当前的线，钩起要换的线，拉过线圈。不要剪断放下的线，只需在下次需要时钩起就可以了。

再重复5次。(24针)

第5~8[10]圈：每针中钩1短针。(24针)

第9[11]圈：换成主色线2，每针中钩1短针，用引拔针与第1针短针连成1圈。(24针)

第10[12]圈：1锁针，每针中钩1短针，换成主色线1，用引拔针与第1针短针连成1圈。翻转。(24针)

下面继续按行钩鞋身。

鞋身

第1行：1锁针，下20针中各钩1短针，翻转，留4针不钩。(20针)

第2行：1锁针，下20针中各钩1短针，换成主色线2，翻转。(20针)

第3行：1锁针，每针中钩1短针，翻转。(20针)

第4行：1锁针，每针中钩1短针，换成主色线1，翻转。(20针)

第5~6行：重复第1~2行。

第7~8行：重复第3~4行。

第9行：1锁针，下7针中各钩1短针，*短针2针并1针；从*再重复2次，下7针中各钩1短针，翻转。(17针)。

第10行：1锁针，下6针中各钩1短针，短针2针并1针，下1针中钩1短针，短针2针并1针，下6针中各钩1短针，翻转。(15针)

剪断主色线1，打结。继续用主色线2钩后跟。

后跟

第1圈：1锁针，下6针中各钩1短针，短针3针并1针，下6针中各钩1短针，用引拔针与第1针短针连成1圈。(13针)

继续螺旋着往下钩。

第2圈：1锁针，下1针中钩1短针，*短针2针并1针；从*再重复5次。(7针)

第3圈：每针中钩1短针。(7针)

第4圈：下1针中钩1短针，*短针2针并1针；从*再重复2次。(4针)

第5圈：*短针2针并1针；从*再重复1次。(2针)

剪断线后打结，把线头藏在反面。

鞋口钩边
用主色线2。

第1圈：把主色线2引入鞋口后部中间的位置，1锁针，沿着鞋帮钩，在每行的行端钩1

短针，就到了鞋头最后1圈未钩的4针处，每针中钩1短针，再沿着鞋帮每行的端头同样钩回来，用引拔针与第1针短针连成1圈。

下面继续钩鞋带。

鞋带
第1圈：1锁针，沿着鞋口在每针中钩引拔针，直到主色线2形成的第2个条纹处，6锁针，在对边主色线2形成的第2个条纹处钩引拔针，继续用引拔针钩至后跟，与第1针引拔针连成1圈。

剪断线后打结，把线头藏在反面。

眼睛
（每只鞋钩2个）

参照图片所示，用毛线缝针和主色线2在鞋头上缝上眼睛。剪断线后打结，把线头藏在反面。

触角
（每只鞋钩2个）

参照图片所示，用引拔针把主色线2引入眼睛上面的1针，4锁针，剪断线后打结，留一小段线头，把线头拆散，打结。

翅膀
（每只鞋钩2个）

用配色线。
第1圈：2锁针，在从钩针数的第2针锁针中钩5短针，用引拔针与

第1针短针连成1圈。（5针）

第2圈：1锁针，每针中钩2短针，翻转。（10针）

第3圈：1锁针，短针3针并1针。

剪断线后打结，留出一段长线头。

用毛线缝针把翅膀缝到鞋带的两旁。把线头藏在反面。

20

SLEEPY♥ OWLS

瞌睡的猫头鹰

{ 看到这款迷人的鞋，就忍不住想学几声猫头鹰的叫声来唤醒这昏睡的小家伙。女娃娃可以选用粉色和淡紫色，男娃娃可以选用蓝色和紫色，或者按自己的喜好选择配色。

劳拉·希拉尔

技术难度
2

工具与材料
藕粉色主色线1
橘黄色主色线2
浅灰色配色线1
棕色配色线2
绿色配色线3
浅紫色配色线4
深紫色配色线5
黄色配色线6

钩针
0~6个月用2.5mm
6~12个月用3.0mm
（见135页的"注意"）
需要时调整钩针的大小来钩出合适的密度。

附件
记号圈
毛线缝针

密度
2.5mm 钩针中长针钩11针、8行
测量大小为5cm×5cm
3.0mm 钩针中长针钩11针、8行
测量大小为5.5cm×5.5cm

尺寸
0~6个月，鞋底长度9cm
6~12个月，鞋底长度10cm
提示：钩织针法是按0~6个月的尺寸给出的，6~12个月的不同钩法列在方括号中。

针法与技法
见钩织基础
（134~143页）

按行钩织
按圈钩织
在后线圈上钩
魔术环
短针隐形减针

鞋底
用主色线2。

第1圈：13锁针，在从钩针数的第3针锁针中钩1中长针，下9针中各钩1中长针，最后1锁针中钩6中长针，在对边钩，下9针中各钩1中长针，最后1锁针中钩5中长针，用引拔针与第1针中长针连成1圈。（30针）

第2圈：1锁针，下10针中各钩1中长针，下5针中各钩2中长针，下10针中各钩1中长针，下5针中各钩2中长针，用引拔针与第1针中长针连成1圈。（40针）

第3圈：1锁针，下10针中各钩1中长针，*下1针中钩2中长

**实用
小贴士**

鞋子洗涤时，要冷水手洗，晾干，不要拧水。

针，下1针中钩1中长针*；从*到*重复4次，下10针中各钩1中长针，从*到*重复5次，用引拔针与第1针中长针连成1圈。（50针）

换成主色线1继续钩鞋面。

鞋面
第1圈：在每针的后线圈中钩1短针，用引拔针与第1针短针连成1圈。（50针）

第2~5圈：1锁针，每针中钩1短针，用引拔针与第1针短针连成1圈。（50针）

注意：钩完第1针锁针，在同一针中钩第1针短针。第1针锁针不算作1针。

第6圈：1锁针，同一针中钩1短针，*下2针中钩短针隐形减针，下1针中钩1短针；从*

再重复9次，下8针中各钩1短针，下2针中钩短针隐形减针，下1针中钩1短针，下2针中钩短针隐形减针，下6针中各钩1短针，用引拔针与第1针短针连成1圈。（38针）

第7圈：1锁针，每针中钩1短针，用引拔针与第1针短针连成1圈。（38针）

第8圈：1锁针，同一针中钩1短针，下6针中各钩1短针，*下2针中钩短针隐形减针；从*再重复3次，下13针中各钩1短针，下2针中钩短针隐形减针，下1针中钩1短针，下2针中钩短针隐形减针，下5针中各钩1短针，用引拔针与第1针短针连成1圈。（32针）

剪断线后打结。

眼睛
（每只鞋钩2个）

用配色线1。

第1圈：在魔术环中钩6短针。把魔术环拉紧，收缩在一起。（6针）

继续螺旋着往下钩。

第2圈：下2针中各钩2短针，下2针中各钩1短针，下2针中各钩2短针。（10针）

第3圈：下2针中各钩1短针，下2针中各钩2短针，下2针中各钩1短针，下2针中各钩2短针，下1针中钩1短针，下1针中钩引拔针。（14针）

剪断线后打结，留出一段长线头。参照图片所示，用配色线2绣出闭着的睡眠状态的眼睛。用配色线3按下面的方法打结：取两段线，穿过眼睛的最后1圈，打结，做成流苏状，把头修剪整齐。

翅膀

（每只鞋钩2个）

用配色线4。

第1圈：在魔术环中钩6短针。把魔术环拉紧，收缩在一起。(6针)

继续螺旋着往下钩。

第2圈：下1针中钩2短针，下2针中各钩1短针，下1针中钩2短针，下2针中各钩1短针。(8针)

第3圈：下1针中钩2短针，下1针中钩4个长长针，下2针中各钩1短针，下3针中各钩2短针，在最后1针中钩引拔针。(15针)

剪断线后打结，留出一段长线头。把翅膀半圆的部分缝到鞋子边上，点状的一端不缝。

尾巴

用配色线5，开始处留出一段长线头。

第1圈：在魔术环中钩6短针。把魔术环拉紧，收缩在一起。(6针)

继续螺旋着往下钩。

第2圈：每针中钩2短针。(12针)

第3圈：*下1针中钩2短针，下1针中钩1短针，从*重复至圈末。(18针)

第4圈：每针中钩1短针。(18针)

把尾巴叠在一起，在顶边的后线圈上钩，将其连在一起，形成纹路，在接下来8针中各钩1短针。为了取得最好的效果，在行端多钩1针短针，这样两边看起来更整齐美观。剪断线后打结，把线头藏在反面。

嘴

用配色线6。

第1行：4锁针，在从钩针数的第2针锁针中钩1短针，下2针中各钩1短针，翻转。(3针)

第2～4行：1锁针，每针中钩1短针，翻转。(3针)

第5行：1锁针，跳过1针，后2针中各钩1短针，翻转。(2针)

第6行：1锁针，跳过1针，最后1针中钩1短针。(1针)

剪断线后打结，留出一段长线头。

收尾

用线头把嘴缝到鞋子前面，把尾巴缝到鞋后跟处。把线头藏在反面。

21

COZY♥ FEET

小狐狸

{ 钩两片再缝在一起，这是一款鹿皮鞋风格的便鞋，鞋前脸的小狐狸特别适合孩子的小脚丫。古灵精怪的样子配任何服饰都很漂亮。

莉萨·古铁雷斯

技术难度
2

工具与材料
棕红色主色线
白色配色线1
黑色配色线2

钩针
3.75mm(美式F/5号)
需要时调整钩针的大小来钩出合适的密度。

附件
毛线缝针

密度
中长针钩11针、8行
测量大小为5cm×5cm

尺寸
0~6个月，鞋底长度9cm
6~12个月，鞋底长度10cm
提示：钩织针法是按0~6个月的尺寸给出的，6~12个月的不同钩法列在方括号中。

针法与技法
见钩织基础
(134~143页)

鞋底1
按行钩织
按圈钩织
在前线圈和后线圈上钩
魔术环
短针3针并1针
中长针3针并1针

脸
用配色线1。
第1行： 12锁针，在从钩针数的第2针锁针中钩2短针，下3锁针中各钩1短针，下3锁针中钩短针3针并1针，下3锁针中各钩1短针，最后1锁针中钩2短针，翻转。(11针)

第2行： 1锁针，第1针中钩2短针，下3针中各钩1短针，下3针中钩短针3针并1针，下3针中各钩1短针，最后1针中钩2短针，最后1短针换为主色线，翻转。(11针)

剪断配色线1，留出120cm长的线头。

第3~6行： 1锁针，第1针中钩2短针，下3针中各钩1短针，下3针中钩短针3针并1针，下3针中各钩1短针，最后1针中钩2短针，翻转。(11针)

钩边： 1锁针，在第1针中钩(1短针，2锁针，1短针)，下3针中各钩1短针，下3针中钩1次短针3针并1针，下3针中各钩1短针，最后1针中钩(1短针，2锁针，1短针)。继续

沿着钩织片顺时针往下钩：在每行的行端各钩1短针，再用配色线1钩的行端换成配色线1，继续顺时针转动钩织片，在基础锁针的对边钩：第1针中钩1短针，下4针中各钩1短针，下1针中钩(1短针，1锁针，1短针)，下4针中各钩1短针，最后1针中钩3短针。顺时针转动钩织片，同样在每行的行端各钩1短针，在需要的地方换成主色线。用引拔针与第1针短针连成1圈。

剪断线后打结。

用配色线1在耳朵上绣出V形图案。

鼻子

用配色线2。

第1圈：在魔术环中钩6短针，把魔术环拉紧，收缩在一起。用引拔针与第1针短针连成1圈。(6针)

剪断线后打结，留出大约90cm长的线头来把鼻子缝到脸上(不要压着脸部的边缘)。用配色线2参照图片所示绣出眼睛。

鞋底

用主色线钩鞋底1。不剪断线继续钩鞋帮。

鞋帮

第1圈：1锁针，在每针的后线圈中钩1中长针，包括连接时的1针，用引拔针与第1针中长针连成1圈。(46[50]针)

第2圈：1锁针，在同一处钩1中长针，接下来每针中各钩1中长针，用引拔针与第1针中长针连成1圈。(46[50]针)

剪断线后打结，把线头藏在反面。

用记号圈标出鞋子前面和后面中间的位置，

实用
小贴士

如果鞋口太松，或者孩子的脚比同龄人要小，可以在缝到脸后面之前，先把鞋口头上的两边连在一起。

在两个记号圈之间各有22[24]针。用主色线把脸部与鞋帮相连，从鼻子下面的尖端处开始，缝到离耳朵尖还有3针的位置(大约11[12]针)，剪断线后打结。再在脸的另一边同样缝。耳朵是能活动的。

鞋后帮
用主色线。

注意：鞋后帮是在后面的23[25]针上钩的。从后跟中间往边上数11[12]针，引入主色线。

第1行：1锁针，在同一处钩1中长针，下9[10]针中各钩1中长针，下3针中钩1次中长

针3针并1针，下10[11]针中各钩1中长针，翻转。(21[23]针)

第2～7行：1锁针，每针中各钩1中长针，翻转。(21[23]针)

剪断线后打结，留出一段长线头。把鞋后帮折下来，用线头缝到第2行上。用同一个线头或另外的主色线线头，把鞋后跟的两端从左到右，缝到脸部后面两只耳朵的中间。

收尾
把线头藏在反面。

SPLASH AROUND

游来游去

这款鲜亮、喜庆的金鱼小鞋有着镶边的鳍和尾，载着孩子的小脚丫四处游荡。

劳拉·希拉尔

技术难度
2

工具与材料
橙色主色线
白色配色线1
黑色配色线2
黄绿色配色线3

钩针
2.5mm(见135页的"注意")
需要时调整钩针的大小来钩出合适的密度。

附件
记号圈
毛线缝针

密度
中长针钩11针、8行
测量大小为5cm×5cm

尺寸
0～6个月，鞋底长度9cm
6～12个月，鞋底长度10cm
提示：钩织针法是按0～6个月的尺寸给出的，6～12个月的不同钩法列在方括号中。

针法与技法
见钩织基础
(134～143页)

按行钩织
按圈钩织
在前线圈和后线圈上钩
魔术环
短针隐形减针
短针2针并1针

说明
鞋子按圈钩织但不连成1圈，螺旋着往下钩。

鞋头
用主色线。
第1圈： 在魔术环中钩6短针。把魔术环拉紧，收缩在一起。(6针)

继续螺旋着往下钩。

第2圈： 每针中钩2短针。(12针)

第3～4圈： 每针中钩1短针。(12针)

第5圈： 下2针中各钩2短针，下2针中各钩1短针，下4针中各钩2短针，下2针中各钩1短针，下2针中各钩2短针。(20针)

第6圈： 下3针中各钩2短针，下4针中各钩1短针，下6针中各钩2短针，下4针中各钩1短针，下3针中各钩2短针。(32针)

第7圈：下2针中各钩1短针，*下1针中钩2短针，下1针中钩1短针；从*再重复4次，下20针中各钩1短针。(37针)

第8圈：每针中钩1短针。(37针)

第9圈：下2针中各钩1短针，*下1针中钩2短针，下2针中各钩1短针；从*再重复4次，下20针中各钩1短针。(42针)

第10~12圈：每针中钩1短针。(42针)

第13圈：下2针中各钩1短针，*下2针中钩短针隐形减针，下2针中各钩1短针；从*再重复4次，下20针中各钩1短针。(37针)

第14圈：每针中钩1短针。(37针)

第15圈：下2针中各钩1短针，*下2针中钩短针隐形减针，下1针中钩1短针；从*再重复4次，下20针中各钩1短针。(32针)

第16~17圈：每针中钩1短针。(32针)

只有尺寸大的鞋子需要钩：重复第16~17圈。

继续往前钩，在下4针中各钩1短针，翻转。

下面按行继续钩鞋身。

鞋身
用主色线。
第1行：1锁针(不算作1针)，下24针中各钩1短针，翻转。(24针)

第2~9行：重复第1行。

第10行：1锁针，下9针中各钩1短针，下6针中钩3次短针2针并1针，下9针中各钩1短针，翻转。(21针)

第12行：1锁针，下6针中各钩1短针，短针2针并1针，下5针中各钩1短针，短针2针并1针，下6针中各钩1短针，翻转。(19针)

第13行：1锁针，下6针中各钩1短针，短针2针并1针，下3针中各钩1短针，短针2针并1针，下6针中各钩1短针，翻转。(17针)

往下继续钩鞋口的边。

鞋口钩边
在鞋口的边上钩短针，在每行的行端及鞋头未钩的几针中各钩1短针。

下面继续钩，把后跟的缝钩连在一起。

后跟接缝
反面相对叠在一起，开始的4针在每边的2个线圈上钩短针，下面在两个中间的线圈上钩引拔针，一直钩到最后1针。剪断线后打结。

尾巴
开始钩魔术环之前先留出一段线头。

用主色线。
第1圈：在魔术环中钩6短针。把魔术环拉

紧，收缩在一起。(6针)

继续螺旋着往下钩。

第2圈： 每针中钩2短针。(12针)

第3圈： *下1针中钩2短针，下1针中钩1短针；从*重复至圈末。(18针)

第4圈： *下1针中钩2短针，下2针中各钩1短针；从*重复至圈末。(24针)

把尾巴叠在一起，在接下来的11针的后线圈上各钩1短针，把上面的两条边连在一起，并在前面形成脊状（为了取得更好的效果，可以在两边各多钩1针短针，这样看起来更整齐、更漂亮）。剪断线后打结，把线头藏在反面。用配色线1按行继续钩。

第1行： 第1针中钩1短针，下1针中钩6中长针，下3针中各钩1短针，下1针中钩6中长针，下3针中各钩1短针，下1针中钩6中长针，最后1针中钩1短针，翻转。(26针)

第2行： 下12针中各钩1短针，下1针中钩6中长针，下12针中各钩1短针，翻转。(30针)

第3行： 下3针中各钩1短针，下1针中钩6中长针，下10针中各钩1短针，下1针中钩6中长针，下10针中各钩1短针，下1针中钩6中长针，下3针中各钩1短针，在行末钩引拔针。

剪断线后打结，把线头藏在反面。

鳍
（每只鞋钩2个）

开始钩魔术环之前先留出一段线头。

用主色线。

第1圈： 在魔术环中钩6短针。把魔术环拉紧，收缩在一起。(6针)

继续螺旋着往下钩。

第2圈： 每针中钩2短针。(12针)

第3圈： *下1针中钩2短针，下1针中钩1短针；从*重复至圈末。(18针)

把鳍叠在一起，在接下来8针的后线圈上各钩1短针，把上面的两条边连在一起，并在前面形成脊状（为了取得更好的效果，可以在两边各多钩1针短针，看起来更整齐、更漂亮）。剪断线后打结，把线头藏在反面。继续用配色线1钩。

第1行： 第1针中钩3短针，下2针中各钩1短针，下1针中钩5中长针，下1针中钩5中长针，下2针中各钩1短针，下1针中钩3短针。

剪断线后打结，把线头藏在反面。

眼睛
（每只鞋钩2个）

用配色线2。
第1圈： 在魔术环中钩6短针。把魔术环拉紧，收缩在一起。(6针)

换成配色线3，继续螺旋着往下钩。

第2圈： 每针中钩2短针。(12针)

换成主色线。

第3圈： 下11针中各钩1短针，在最后1针中钩引拔针。

剪断线后打结，留一段线头。

收尾
参照图片所示，用线头把眼睛缝到鞋子两边。把尾巴缝到鞋子后跟处，把鳍缝到鞋子两边。在鞋面上叠出一道鱼鳍状突起，用主色线和小针脚缝在一起。

STARFISH SANDALS

海星凉鞋

> 这款鞋适合夏天穿着，漂亮的海星会让孩子非常喜欢。气温渐渐升高时，穿上这款后跟只有带子的鞋子，非常凉爽。

克里斯季·辛普森

技术难度
1

工具与材料
天蓝色线
玉米黄色线
玫瑰红色线

钩针
3.5mm(美式E/4号)
需要时调整钩针的大小来钩出合适的密度。

附件
记号圈
毛线缝针

密度
短针钩9针、11行
测量大小为5cm×5cm

尺寸
0~6个月，鞋底长度9cm
6~12个月，鞋底长度10cm
提示：钩织针法是按0~6个月的尺寸给出的，6~12个月的不同钩法列在方括号中。

针法与技法
见钩织基础
(134~143页)

鞋底2
按行钩织
按圈钩织
在后线圈上钩
魔术环
短针2针并1针
长针2针并1针
长针6针并1针

鞋底
用天蓝色线和玉米黄色线各钩2只鞋底2，用毛线缝针和玉米黄色线把2种颜色的鞋底缝在一起。

鞋头
在鞋底上找出鞋头中间的2针，往一侧数10针。
第1行：把天蓝色线引入天蓝色鞋底的第10针中，1锁针，在下20针的后线圈中各钩1短针，翻转。(20针)

第2行：1锁针，下6针中各钩1短针，*长针2针并1针；从*再重复3次，下6针中各钩1短针，翻转。(16针)

第3行：1锁针，下4针中各钩1短针，*长针2针并1针；从*再重复3次，下4针中各钩1短针，翻转。(12针)

第4行：1锁针，下2针中各钩1短针，*长针2针并1针；从*再重复3次，下2针中各钩1短针，翻转。(8针)

第5行：在第1针中钩引拔针，2锁针，长针6针并1针，2锁针，在最后1针中钩引拔针。

剪断线后打结。把线头藏在反面。

鞋后跟环

用天蓝色线。

第1行：把天蓝色线引入鞋底后跟中间右侧的1针，1锁针，下2针中各钩1短针，翻转。（2针）

第2～9行：1锁针，下2针中各钩1短针，翻转。（2针）

第10行：1锁针，下2针中各钩1短针。（2针）

剪断线后打结，留出一段长线头。

把钩好的带子折过来，用毛线缝针缝到位。

鞋带

用天蓝色线。

第1行：21[25]锁针，翻转，在从钩针数的第2针锁针中钩1中长针，在剩余的锁针中各钩1中长针。（20[24]针）

剪断线后打结。用毛线缝针把鞋带的一端缝到鞋头一侧的第2行和第3行上，穿过鞋后跟环，把另一端同样缝到鞋头的另一侧。

星星

用玫瑰红色线。

第1圈：2锁针，在从钩针数的第2针锁针中钩5短针，用引拔针与第1针短针连成1圈。（5针）

第2圈：1锁针，同一针中钩1短针，5锁针，在从钩针数的第2针锁针中钩1短针，下3锁针中各钩1短针，在钩5锁针同样的位置钩1短针，*下1针中钩1短针，5锁针，在从钩针数的第2针锁针中钩1短针，下3锁针中各钩1短针，在钩5锁针同样的位置钩1短针；从*再重复3次，用引拔针与第1针锁针连成1圈。

第3圈：1锁针，*短针2针并1针，下3针中各钩1短针，下1针中钩2短针，下2针中各钩1短针，短针2针并1针；从*再重复4次，用引拔针与第1针锁针连成1圈。

剪断线后打结。把线头藏在反面。

用毛线缝针和玉米黄色线，沿着星星的最后1圈缝1圈，剪断线后打结。把线头藏在反面。

收尾

用玫瑰红色线，把星星缝到鞋面上。

实用
小贴士

鞋头上可以换成各种不同
的拼贴图案，比如草莓，
看起来就非常可爱。

GOOD ENOUGH TO
EAT

好吃极了

24

SWEET
FeeT

甜甜的小脚丫

独特地分成两部分，这款甜甜的鞋子非常容易钩织，而且不含糖、不掉渣，还能让人不禁莞尔。

莉萨·古铁雷斯

技术难度
2

工具与材料
白色主色线1
奶油色主色线2
樱桃红色配色线
不同颜色的线头

钩针
3.75mm(美式F/5号)
需要时调整钩针的大小来钩出
合适的密度。

附件
记号圈
毛线缝针

密度
中长针钩11针、8行
测量大小为5cm×5cm

尺寸
0～6个月，鞋底长度9cm
6～12个月，鞋底长度10cm
提示：钩织针法是按0～6个月
的尺寸给出的，6～12个月的不
同钩法列在方括号中。

针法与技法
见钩织基础
(134～143页)

按行钩织
按圈钩织
在前线圈和后线圈上钩
魔术环
引拔针2针并1针
正浮长针
短针2针并1针

说明
火炬冰激凌下部第2圈开始的3
锁针算作1针。

火炬冰激凌的上部
用主色线1。
所有行都在后线圈上钩。

第1行：15[17]锁针，在从钩针数的第2针锁针中钩1短针，下10[12]锁针中各钩1短针，下3锁针中各钩1引拔针，翻转。(14[16]针)

第2行：1锁针，引拔针2针并1针，下2针中各钩1引拔针，下9[11]针中各钩1短针，下1针中钩2短针，翻转。(14[16]针)

第3行：1锁针，第1针中钩2短针，下9[11]针中各钩1短针，下2针中各钩1引拔针，引拔针2针并1针，翻转。(14[16]针)

重复第2～3行7[8]次，再重复第2行1次。不要剪断线。

最后1行是正面。用不同颜色的线头在正面绣出巧克力针状的短线条。

反面朝上，把基础行折过来，反面相对，在上面一层的前线圈和后面一层的后线圈上钩引拔针，把最后1行和基础行连在一起。剪断线后打结，留出大约90cm长的线头。用这段线头把引拔针的边收拢，形成了冰激凌的上部。鞋子的其他部分在底边上钩。把线头藏在反面。

火炬冰激凌的下部
把主色线1拉到底边，大约接缝右边第5行处。

第1圈：1锁针，在底边上钩20[22]短针，用引拔针与第1针短针连成1圈。换成主色线2。(20[22]针)

第2圈：3锁针，在接下来1针的前线圈中钩1长针，在剩余每针的前线圈中各钩1长针，在开始3锁针的顶端钩引拔针。(20[22]针)

第3圈：1锁针，在同一针中钩1中长针，在相应的第1圈的后线圈中钩，*在相应第1圈下1针的后线圈中钩1中长针；从*重复至圈末。(20[22]针)

下面按行继续钩。

第1行：1锁针，在前16[17]针中各钩1中长针，留最后的4[5]针不钩，翻转。(16[17]针)

第2行：1锁针，每针中各钩1中长针，翻转。(16[17]针)

第3行：1锁针，第1针中钩1中长针，在第1行的下1针中钩1正浮长针，下3针中各钩1中

长针，在第1行的下1针中钩1正浮长针，下4[5]针中各钩1中长针，在第1行的下1针中钩1正浮长针，下3针中各钩1中长针，在第1行的下1针中钩1正浮长针，最后1针中钩1中长针，翻转。(16[17]针)

第4～6行：重复第2～4行。

继续在鞋口处钩边。

鞋口钩边
1锁针，沿着行边钩6[7]短针，在接下来第3圈没钩的4[5]针中各钩1短针，在接下来另一边的6[7]针中各钩1短针，用引拔针与第1针短针连成1圈。剪断线后打结，留一段长约45cm的线头。

后跟接缝
把最后1行对折，把后跟接缝缝在一起。把线头藏在反面。

樱桃

用配色线。

第1圈： 在魔术环中钩6短针。把魔术环拉紧，收缩在一起。(6针)

继续螺旋着往下钩。

第2圈： *下1针中钩1短针，下1针中钩2短针；从*再重复2次。(9针)

第3圈： *下1针中钩1短针，短针2针并1针；从*再重复2次，用引拔针与第1针短针连成1圈。(6针)

剪断线，留一段长约45cm的线头。用线头穿过各针把口收到一起。

收尾

把樱桃缝到冰激凌的尖上，固定牢后，把线头从顶部穿出，形成樱桃柄。

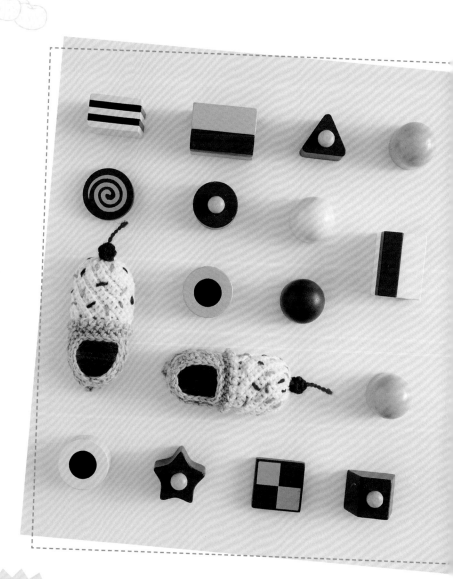

实用小贴士

巧克力针用大约4厘米长的线头做成，在鞋子里面打结。

25

BURGER BOOTIES

汉堡鞋

{ 这款古灵精怪的汉堡鞋让你对美食的热爱提升了一个层次。不仅看着有趣，穿着也很有趣。

帕特里夏·卡斯蒂略

技术难度
3

工具与材料
驼色主色线
绿色配色线1
巧克力色配色线2
黄色配色线3
红色配色线4
白色配色线5

钩针
3.25mm（美式D/3号）
需要时调整钩针的大小来钩出合适的密度。

附件
记号圈
毛线缝针

密度
短针钩11针、12行
测量大小为5cm×5cm

尺寸
0~6个月，鞋底长度9cm
6~12个月，鞋底长度10cm
提示：钩织针法是按0~6个月的尺寸给出的，6~12个月的不同钩法列在方括号中。

针法与技法
见钩织基础
（134~143页）

按圈钩织
在前线圈和后线圈上钩
魔术环
短针2针并1针
中长针2针并1针

说明
款式按圈钩织。
在圈末不翻转，用引拔针与第1针连成1圈。
第1针锁针不算作1针。

底层面包
用主色线。
第1圈：在魔术环中钩6短针，把魔术环拉紧，收缩在一起。用引拔针与第1针短针连成1圈。（6针）

第2圈：1锁针，每针中钩2短针。（12针）

不连成1圈，继续螺旋着往下钩。

第3圈：1锁针，★下1针中钩2短针，下1针中钩1短针；从★再重复5次。（18针）

第4圈：1锁针，★下1针中钩2短针，下2针中各钩1短针；从★再重复5次。（24针）

第5圈：1锁针，★下1针中钩2短针，下3针中各钩1短针；从★再重复5次。（30针）

第6圈：1锁针，★下1针中钩2短针，下4针中各钩1短针；从★再重复5次。（36针）

第7圈：1锁针，★下1针中钩2短针，下5针中各钩1短针；从★再重复5次。（42针）

第8圈：1锁针，*下1针中钩2短针，下6针中各钩1短针；从*再重复5次。(48针)

只有尺寸大的鞋子钩这一圈：1锁针，*下1针中钩2短针，下7针中各钩1短针；从*再重复5次。([54针])

第9[10]圈：1锁针，在每针的后线圈上钩1短针。(54针)

第10[11]圈：1锁针，在2个线圈上钩，*短针2针并1针，下6[7]针中各钩1短针；从*再重复5次，换成配色线1。(42[48]针)

继续往下钩。

汉堡夹心及上层面包

第1圈：1锁针，*在下1针的前线圈中钩2短针，下1针的前线圈中钩3短针；从*重复至圈末。

把钩针插入底层面包第10[11]圈的后线圈，换成配色线2。

第2圈：1锁针，在底层面包第10[11]圈的后线圈上钩，每针中钩1短针，用引拔针与第1针短针连成1圈。(42[48]针)

第3圈：1锁针，*下1针中钩2短针，下6[7]针中各钩1短针；从*再重复5次。把钩针插入第1针的前线圈，换成配色线3。(48[54]针)

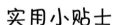

实用小贴士

参照图片所示在上层面包上绣上芝麻粒，间距随意。

第4圈(在前线圈上钩)：1锁针，*下9[10]针中各钩1引拔针，下1针中钩1中长针，下1针中钩(2中长针，2锁针，2中长针)；下1针中钩1中长针，下9[11]针中各钩1引拔针，下1针中钩1中长针，下1针中钩(2中长针，2锁针，2中长针)，下1针中钩1中长针；从*再重复1次，把钩针插入第3圈的后线圈，换成配色线4。

第5圈：1锁针，在第3圈的后线圈上钩，每针中各钩1中长针，把钩针插入第1针，换成主色线钩上层面包。(48[54]针)

第6圈(在前线圈上钩)：1锁针，*下1针中钩2短针，下7[8]针中各钩1短针；从*再重复5次，用引拔针与第1针连成1圈。(54[60]针)

第7~8圈：1锁针，每针中钩1短针。(54[60]针)

第9圈：1锁针，*短针2针并1针，下7[8]针中各钩1短针；从*再重复5次。(48[54]针)

只有尺寸大的鞋子需要钩这一圈：1锁针，

*短针2针并1针，下7针中各钩1短针；从*再重复5次。([48]针)

第10[11]圈：1锁针，下1针中钩1短针，短针2针并1针，下6针中各钩1短针，*下1针中钩1中长针，中长针2针并1针；从*再重复5次，下7针中各钩1短针，**短针2针并1针，下1针中钩1短针；从**重复3次，短针2针并1针。(36针)

第11[12]圈：1锁针，下7针中各钩1短针，*中长针2针并1针，下1针中钩1中长针；从*重复4次，下14针中各钩1短针。(31针)

第12[13]圈：1锁针，下8针中各钩1短针，*中长针2针并1针；从*重复4次，下13针中各钩1短针。

剪断线后打结，把线头藏在反面。

收尾
用配色线5和毛线缝针，在上层面包上绣上芝麻粒。把线头藏在反面。

26

BANANA SLIPPERS

香蕉懒人鞋

{

多吃水果有益健康。这款古灵精怪的鞋尽管不能吃，但特别适合家里像小猴子一样顽皮的毛孩子。

帕特里夏·卡斯蒂略

技术难度
2

工具与材料
黄色主色线
巧克力色配色线

钩针
3.25mm（美式D/3号）
需要时调整钩针的大小来钩出
合适的密度。

附件
记号圈
毛线缝针

密度
中长针钩10针、8行
测量大小为5cm×5cm

尺寸
0~6个月，鞋底长度9cm
6~12个月，鞋底长度10cm
提示：钩织针法是按0~6个月
的尺寸给出的，6~12个月的不
同钩法列在方括号中。

针法与技法
见钩织基础
（134~143页）

按行钩织
按圈钩织
魔术环
正浮中长针
反浮中长针
中长针2针并1针

说明
用引拔针与第1针连成1圈。
鞋前部是按圈钩织的，鞋前部
的第1针锁针不算作1针。

鞋前部

第1圈：用配色线，在魔术环中钩2锁针和12中长针，把魔术环拉紧，收缩在一起。用引拔针与第1针中长针连成1圈。（12针）

换成主色线，翻转。

第2圈：1锁针，每针中各钩2中长针，用引拔针与第1针中长针连成1圈。翻转。（24针）

第3圈：1锁针，*接下来5针中各钩1中长针，下1针中钩1反浮中长针 从*重复至圈末，用引拔针与第1针中长针连成1

实用小贴士

对于能满地跑的孩子，要把剥开的皮在下面固定起来以保证安全。鞋底还可以缝上松紧带或翻毛皮以防滑。

圈。翻转。(24针)

第4圈： 1锁针，*下1针中钩1正浮中长针，下5针中各钩1中长针；从*重复至圈末，用引拔针与第1针中长针连成1圈。翻转。(24针)

重复第3~4圈2[3]次。

重复第3圈。

继续钩鞋后部。

鞋后部
第1行： 2锁针，下4针中各钩1中长针，下1针中钩1正浮中长针，下5针中各钩1中长针，下1针中钩1正浮中长针，下5针中各钩1中长针，剩余的针不钩，翻转。(17针)

第2行： 2锁针，下4针中各钩1中长针，*下1针中钩1反浮中长针，下5针中各钩1中长针；从*再重复1次，翻转。(17针)

只有尺寸大的鞋子需要钩： 再重复钩第1行和第2行。

第3[5]行： 2锁针，下4针中各钩1中长针，中长针2针并1针，*下1针中钩1中长针，中长针2针并1针；从*再重复1次，下4针中各钩1中长针，翻转。(14针)

第4[6]行： 2锁针，下2针中各钩1中长针，中长针2针并1针，下1针中钩1中长针，中长针2针并1针，下1针中钩1中长针，中长针2针并1针，下3针中各钩1中长针，翻转。(11针)

下面按圈钩1圈：

2锁针，*下3针中各钩1中长针，中长针2针并1针；从*再重复1次，下3针中各钩1中长针，用引拔针与2锁针的顶端连成一圈。(9针)

鞋口钩边
用主色线。
2锁针，沿着行的端头均匀地钩10[12]中长针，在钩第1行时剩余的针中钩6短针，沿着行的端头均匀地钩10[12]中长针，用引拔针与第1针中长针连成1圈。(26[30]针)

剪断线后打结，留出线头，把后跟接缝缝上。

剥开的皮
用主色线。

鞋头在下，鞋后跟在上，面对鞋口钩。把一个记号圈放在鞋口的右上角，顺时针数7针，再放置一个记号圈。继续顺时针数6[8]针，放置一个记号圈。再顺时针数7针，放置一个记号圈。

第1行：从第1个记号圈处开始，在同一处钩1中长针，顺时针方向在每针中各钩1中长针，直到下一个记号圈处，翻转。

第2行：2锁针，每针中各钩1中长针，翻转。

第3行：2锁针，在开始2针中钩中长针2针并1针，接下来每针中钩1中长针直到最后2针，中长针2针并1针，翻转。

第4行：2锁针，每针中钩1中长针，翻转。

重复第3~4行，直到剩余2针，钩1次减针，使最后1行以1针结束。

剪断线后打结，留出线头将其缝到鞋子上面，如果喜欢，也可以不缝。

在下一个记号圈的同一针中钩1中长针，同样钩织，一共钩4次。

实用小贴士

钩鞋后部时，开始的2锁针算作第1针中长针。不要把第1针钩到引拔针的位置，而要在下1针中钩。

27

EGGS AND BACON

鸡蛋和培根

太阳出来了，起床了！先用美食包裹住宝宝的小脚丫吧！用毛线做成的早餐看起来再美味不过了！

戴德里·尤伊斯

技术难度
2

工具与材料
湖蓝色主色线
乳酪黄色配色线1
白色配色线2
淡粉色配色线3
玫红色配色线4

钩针
4mm(美式G/6号)
需要时调整钩针的大小来钩出合适的密度。

附件
记号圈
毛线缝针

密度
短针钩20针、22行
测量大小为10cm×10cm

尺寸
0~6个月，鞋底长度9cm
6~12个月，鞋底长度10cm
提示：钩织针法是按0~6个月的尺寸给出的，6~12个月的不同钩法列在方括号中。

针法与技法
见钩织基础
(134~143页)

按行钩织
按圈钩织
在前线圈和后线圈上钩
魔术环
短针2针并1针

鞋头

用主色线。

第1圈：3[4]锁针，在从钩针数的第2针锁针中钩2短针，下0[1]锁针中钩1短针，最后1锁针中钩4短针。在锁针对边钩，下0[1]锁针中钩1短针，在已钩2短针的锁针中钩2短针。(8[10]针)

继续螺旋着往下钩。

第2圈：下1针中钩2短针，下2[3]针中各钩1短针，下2针中各钩2短针，下2[3]针中各钩1短针，最后1针中钩2短针。(12[14]针)

实用小贴士
把系带的中间粗缝固定到培根环上，以免系带从鞋子上脱落下来。

第3圈：下1针中钩2短针，下4[5]针中各钩1短针，下2针中各钩2短针，下4[5]针中各钩1短针，最后1针中钩2短针。(16[18]针)

第4圈：下2针中各钩2短针，下6[7]针中各钩1短针，下2针中各钩2短针，下6[7]针中各钩1短针。(20[22]针)

第5圈：每针中钩1短针。(20[22]针)

第6~10[11]圈：重复第5圈。(20[22]针)

继续用主色线按行钩鞋身。

鞋身
第1行：下16[17]针中各钩1短针，翻转，剩余的4[5]针不钩。(16[17]针)

第2行：1锁针，下15[16]针中各钩1短针，剩余的1针不钩，翻转。(15[16]针)

第3行：1锁针，每针中钩1短针，翻转。(15[16]针)

第4~11行：重复第3行。(15[16]针)

只有尺寸大的鞋子需要钩：重复第3行2次。([16]针)

继续把后跟接缝连接在一起。

后跟接缝
正面相对，把后面的边对折在一起。把钩针从靠近自己一面的前线圈，插入远离一面的后线圈，在接下来两层的7[8]针中各钩1引拔针，将其连接起来。剪断线后打结，把线头藏在反面。

鞋口钩边
用主色线。

第1圈：面对正面，沿着鞋口均匀地钩短针，一共钩26[31]针。用引拔针与第1针短针连成1圈。(26[31]针)

尺寸大的鞋子再钩1圈：每针中钩1短针。([31]针)

剪断线后打结，把线头藏在反面。

鸡蛋
用配色线1。

第1圈：1锁针，在魔术环中钩9中长针，把魔术环拉紧，收缩在一起。用引拔针与第1针中长针连成1圈。(9针)

换成配色线2，第2圈在每个中长针反面前线圈和后线圈下面的第3个线圈中钩。

第2圈：1锁针，在同一针中钩2短针，下1针中钩1短针，*下1针中钩2短针，下1针中钩1短针；从*再重复2次，下1针中钩2短针，用引拔针与第1针短针连成1圈。(14针)

第3圈：第1针中钩引拔针，下1针中钩(1短针，1中长针)，下1针中钩2长针，下1针中钩(1中长针，1短针)，下1针中钩引拔针，下1针中钩(1短针，1中长针)，下1针中钩(1中长针，1短针)，下1针中钩引拔针，下1针中钩1短针，下1针中钩2中长针，下1针中钩1短针，最后2针中各钩1引拔针。(19针，包括引拔针)

剪断线后打结，留出大约20cm的线头。

培根

用配色线3。

第1行： 10锁针。（10针）

剪断线后打结，留出大约15cm长的线头。换成配色线4。

第2行： 在第1针锁针中开始钩，只在每针锁针上面的线圈中钩1引拔针。（10针）

剪断线后打结。换成配色线3。

第3行： 面对正面，只在每针锁针上面的线圈中钩1引拔针。（10针）

剪断线后打结，留出大约15cm的线头。

系带

用主色线。
钩80锁针。

剪断线后打结。把两端的线头打一个结，再把打结处的线头修剪整齐。

收尾

把鸡蛋缝到鞋子上，一只鞋子上稍稍向左缝一些，另一只鞋子上稍稍向右缝一些。培根片要缝成一个环，中间穿入鞋带。把培根片对折，用淡粉色的线头将其缝到后跟接缝上面。培根与鞋子重叠的部分不超过0.5cm。把系带穿入培根形成的环中。

实用小贴士

可以换成其他颜色的线来钩鞋子。也可以把系带换成其他色调，显得更活泼有趣。

28

SCRUMPTIOUS SUSHI

美味寿司

用这款新颖的便鞋包裹住孩子的小脚丫吧，配上对虾，用海苔缠绕，看起来很像传统的寿司。

戴德里·尤伊斯

技术难度
2

工具与材料
白色主色线
橘红色配色线1
黑色配色线2

钩针
3.5mm(美式E/4号)，钩较小尺寸鞋的对虾
4mm(美式G/6号)
需要时调整钩针的大小来钩出合适的密度。

附件
记号圈
毛线缝针

密度
短针钩10针、10行
测量大小为5cm×5cm

尺寸
0~6个月，鞋底长度9cm
6~12个月，鞋底长度10cm
提示：钩织针法是按0~6个月的尺寸给出的，6~12个月的不同钩法列在方括号中。

针法与技法
见钩织基础
(134~143页)

按行钩织
按圈钩织
在前线圈和后线圈上钩
短针2针并1针
长长针泡泡针

鞋头
用主色线。

第1圈：3[4]锁针，在从钩针数的第2针锁针中钩2短针，下0[1]锁针中钩1短针，最后1锁针中钩4短针，在锁针对边钩，下0[1]锁针中钩1短针，在已钩2短针的锁针中钩2短针。(8[10]针)

继续螺旋着往下钩。

第2圈：下1针中钩2短针，下2[3]针中各钩1短针，下2针中各钩2短针，下2[3]针中各钩1短针，最后1针中钩2短针。(12[14]针)

实用小贴士
没有用到的色线放在钩织物品的里面一直携带，直到需要再次用到时。

第3圈：下1针中钩2短针，下4[5]针中各钩1短针，下2针中各钩2短针，下4[5]针中各钩1短针，最后1针中钩2短针。(16[18]针)

第4圈：下2针中各钩2短针，下6[7]针中各钩1短针，下2针中各钩2短针，下6[7]针中各钩1短针。(20[22]针)

第5圈：每针中钩1短针。(20[22]针)

第6~10[11]圈：重复第5圈。(20[22]针)

继续钩鞋身。

鞋身

注意：开始的1锁针不算作1针。

第1行：下16[17]针中各钩1短针，翻转，剩余的4[5]针不钩。(16[17]针)

第2行：1锁针，下15[16]针中各钩1短针，翻转，剩余的1针不钩。(15[16]针)

第3行：1锁针，每针中钩1短针，翻转。(15[16]针)

第4~11行：重复第3行。(15[16]针)

只有较大尺寸的鞋子需要钩：再重复第3行2次。([16]针)

继续把后跟的接缝连接起来。

后跟接缝

正面相对，把后面的边对折在一起。把钩针从靠近自己一面的前线圈，插入远离的一面的后线圈，在接下来两层的7[8]针中各钩1引拔针，将其连接起来。剪断线后打结，把线头藏在反面。

实用小贴士

鞋帮是按行钩的，鞋头是螺旋着钩的。除了较小尺寸鞋上的对虾，其余都是用4mm的较大的钩针钩的。

鞋口钩边

用主色线。

第1圈：面对正面，沿着鞋口均匀地钩短针，一共钩26[31]针。用引拔针与第1针短针连成1圈。(26[31]针)

尺寸大的鞋子再钩1圈：每针中钩1短针。([31]针)

剪断线后打结，把线头藏在反面。

对虾

较小尺寸的鞋：用3.5mm钩针。

较大尺寸的鞋：用4mm钩针。

对虾身体

用配色线1。

第1圈：6锁针，在从钩针数的第2针锁针中钩2短针，下3针中各钩1短针，下1针中钩4短针，在锁针对边钩，下3针中各钩1短针，最后1针中钩2短针。(14针)

继续螺旋着往下钩。

第2圈：每针中钩1短针，换成主色线。(14针)

第3圈：每针中钩1短针，换成配色线1。(14针)

第4~5圈：每针中钩1短针。(14针)

第6圈：换成主色线。*短针2针并1针，下5针中各钩1短针；从*再重复1次，换成配色线1。(12针)

第7~8圈：每针中钩1短针。(12针)

第9圈：换成主色线。*短针2针并1针，下4针中各钩1短针；从*再重复1次。(10针)

第10圈：*短针2针并1针，下3针中各钩1短针；从*再重复1次。(8针)

用引拔针钩入下1针，剪断线后打结。

对虾尾巴
用配色线1。

第1行：把对虾叠平整，把最后1圈合在一起，在开口边的两层上钩3短针，翻转。(3针)

第2行：在第1针中钩1长长针泡泡针，4锁针，在同一针中钩引拔针，下2针中各钩1引拔针，在同一针(最后1针引拔针)中钩1长长针泡泡针，4锁针，在同一针中钩引拔针。

剪断线后打结，留出大约20cm的线头。用线头在尾巴根部缠3圈，拉紧，把线头藏在反面。

海苔
用配色线2。

开始留出15cm的线头，钩25[29]锁针，在从钩针数的第2针锁针的后半圈中钩短针，在剩余锁针的后半圈中各钩1短针。剪断线后打结，留出15cm的线头。

收尾
把对虾和海苔按下面的方法缝在鞋子上：把对虾放在鞋头上，让虾尾悬挂在鞋口上。把对虾的下层缝到鞋子上。把线头藏在反面。把海苔一端的线头穿至中间的位置，留待随后缝到鞋子上时使用。用海苔另一端的线头把海苔首尾缝到一起。把海苔圈套到鞋子和对虾上，大约对虾长度一半的位置，接缝要放在鞋底处。用倒缝针把海苔缝到鞋底上，把线头藏在反面。用另一个线头把海苔与鞋面和对虾缝到一起，把线头藏在反面。

29

PEAS IN A POD

豆 与 豆 荚

穿上这款可爱的豌豆鞋，温暖舒适，小脚丫就像豆荚中的豆子一样。在一颗豌豆上绣上笑脸看起来会更加可爱。

克里斯季·辛普森

技术难度
1

工具与材料
军绿色主色线
浅柠檬绿色配色线

钩针
3.5mm(美式E/4号)
需要时调整钩针的大小来钩出合适的密度。

附件
记号圈
毛线缝针

密度
短针钩9针、11行
测量大小为5cm×5cm

尺寸
0~6个月，鞋底长度9cm
6~12个月，鞋底长度10cm
提示：钩织针法是按0~6个月的尺寸给出的，6~12个月的不同钩法列在方括号中。

针法与技法
见钩织基础
(134~143页)

按圈钩织
按行钩织
短针2针并1针

说明
鞋子从鞋头往后跟钩。
鞋身是按行钩的。开始的1锁针不算作1针。
两种尺寸鞋子上的豆子和收尾的边都是一样的。

鞋尖

用主色线。
第1圈：2锁针，在从钩针数的第2针锁针中钩3短针。(3针)

继续螺旋着往下钩。

第2~3圈：每针中钩1短针。(3针)

第4圈：每针中钩2短针。(6针)

第5圈：*下1针中钩1短针，下1针中钩2短针；从*再重复2次，翻转。(9针)

继续按行钩鞋身。

鞋身

第1行：1锁针，*下2针中各钩1短针，下1针中钩2短针；从*再重复2次，翻转。(12针)

第2行：1锁针，*下3针中各钩1短针，下1针中钩2短针，从*再重复2次，翻转。(15针)

第3行：1锁针，*下4针中各钩1短针，下1针中钩2短针，从*再重复2次，翻转。(18针)

只有较大尺寸的鞋子需要钩这一行：1锁针，*下5针中各钩1短针，下1针中钩2短针，从*再重复2次，翻转。[21针]

第4~16[5~18]行：1锁针，每针中钩1短

针，翻转。(18[21]针)

第17[19]行：1锁针，下5[6]针中各钩1短针，短针2针并1针4次，下5[6]针中各钩1短针，翻转。(14[17]针)

第18[20]行：1锁针，下3[5]针中各钩1短针，短针2针并1针4次，下3[4]针中各钩1短针，翻转。(10[13]针)

第19[21]行：1锁针，下1[2]针中各钩1短针，短针2针并1针4次，下1[3]针中各钩1短针，在第1针短针中钩引拔针连成1圈，翻转。(6[9]针)

第20[22]行：1锁针，下2[1]针中各钩1短针，短针2针并1针2[4]次。(4[5]针)

继续螺旋着往下钩鞋尾。

鞋尾
第1～3圈：每针中钩1短针。(4[5]针)

第4圈：下2[1]针中各钩1短针，短针2针并1针1[2]次。(3[3]针)

剪断线后打结。把线头藏在反面。

豆子
（每只鞋子钩3个）

用配色线。
第1圈：2锁针，在从钩针数的第2针锁针中钩4短针。(4针)

继续螺旋着往下钩。

第2圈：每针中钩2短针。(8针)

第3～4圈：每针中钩1短针。(8针)

在最后1圈的第1针中钩引拔针即完成。

剪断线后打结，把线头藏在反面。用配色线把3个豆子缝成一行。接下来，用配色线把豆子缝到鞋头上。

鞋口钩边
第1圈：用引拔针把主色线引入鞋口后面的中间位置，1锁针，沿着边在每行端钩1短针，钩到豆子处，不在豆子上钩，同样在每行端钩1短针，直到鞋口后面的中间位置，用引拔针与第1针短针连成1圈。

找出鞋口上位于豆子对面的2个短针，往两边各数6针，各放上1个记号圈。

第2圈：在边上的每针中钩引拔针，一直到第1个记号圈处，4锁针，在第2个记号圈处钩引拔针，继续在边上的每针中钩引拔针，直到后边的中间，用引拔针与第1针连成1圈。

剪断线后打结。把线头藏在反面。

30 TROPICAL WATERMELON

实用小贴士

为了使瓜子分布均匀，先从中间的一个开始绣，再在两边距离相同的地方绣。

吃西瓜喽

{ 这款可爱、有灵气的凉鞋给孩子的服饰带来了夏日的气息。用一块水灵的西瓜给小脚丫带来一丝清凉吧。

莉萨·古铁雷斯

技术难度
1

工具与材料
绿色主色线1
西瓜红色主色线2
白色配色线

钩针
3.75mm(美式F/5号)
需要时调整钩针的大小来钩出合适的密度。

附件
黑色毛线或绣花线
记号圈
毛线缝针

密度
中长针钩11针、8行
测量大小为5cm×5cm

尺寸
0~6个月,鞋底长度9cm
6~12个月,鞋底长度10cm
提示:钩织针法是按0~6个月的尺寸给出的,6~12个月的不同钩法列在方括号中。

针法与技法
见钩织基础
(134~143页)

鞋底1
按行钩织
按圈钩织
短针2针并1针
中长针2针并1针

鞋底
用主色线1,钩鞋底1。

不剪断线,继续钩鞋帮。

鞋帮
第1~2圈:1锁针,同一针中钩1中长针,在

剩余的针中各钩1中长针,用引拔针与第1针中长针连成1圈。(46[50]针)

剪断线后打结,留出大约20cm的线头。在鞋帮两边同样的位置放上记号圈,把鞋帮分成前后两部分,前面有28[30]针,后面有18[20]针。

鞋面
把配色线引入右侧记号圈的位置。

第1行：1锁针，同一针中钩1短针，下27[29]针中各钩1短针。(28[30]针)

剪断线后打结，用引拔针把主色线2引入配色线钩的第1针短针。

第2行：1锁针，前4[5]针中各钩1中长针，*中长针2针并1针，下1针中钩1中长针；从*再重复5次，中长针2针并1针，下4[5]针中各钩1中长针，翻转。(21[23]针)

第3行：1锁针，前4[5]针中各钩1中长针，中长针2针并1针3次，下1针中钩1中长针，中长针2针并1针3次，最后的4[5]针中各钩1中长针，翻转。(15[17]针)

第4行：1锁针，前3[4]针中各钩1中长针，中长针2针并1针2次，下1针中钩1中长针，中长针2针并1针2次，最后的3[4]针中各钩1中长针，翻转。(11[13]针)

第5行：1锁针，前3[4]针中各钩1中长针，中长针2针并1针，下1针中钩1中长针，中长针2针并1针，最后的3[4]针中各钩1中长针。(9[11]针)

剪断线后打结，留出大约30cm的线头。把最后1行对折，用线头锁缝到一起。

后跟

用引拔针把主色线1直接引入左侧配色线钩的最后1个短针(第1行)。

第1行：1锁针，同一针中钩1中长针，中长针2针并1针，下12[14]针中各钩1中长针，中长针2针并1针，最后1针中钩1中长针，翻转。(16[18]针)

第2行：1锁针，同一针中钩1中长针，中长针2针并1针，下10[12]针中各钩1中长针，中长针2针并1针，最后1针中钩1中长针，翻转。(14[16]针)

下面按圈钩：

1锁针，第1针中钩1短针，短针2针并1针，下3[4]针中各钩1短针，短针2针并1针，下3[4]针中各钩1短针，短针2针并1针，在最后1针中钩1短针，3锁针，在鞋面第3~5行的边上各钩1短针，在鞋面第5行的两边钩短针2针并1针(通过接缝)，在第5行另一半的边上各钩1短针，3锁针，在这1圈的第1针短针处钩引拔针。

剪断线后打结，把线头藏在反面。

收尾

用黑色毛线或绣花线，在鞋面上绣5个瓜子。绣在配色线钩的鞋面的第2行和第3行之间效果最好。

CROCHET BASICS

钩织基础

在开始钩织之前，先把钩织作品需要的所有东西收集在一起。动手之前对钩织的图案要心中有数。如果你是新手，在拿起钩针前，要认真阅读这里介绍的钩织基础知识和技法。祝你钩织快乐！

钩织工具和材料

在本书中，完成钩织款式所需的物品包括：钩针、记号圈、剪刀、线、大头针、尺子和毛线缝针。其他不太常用的物品在相应的款式中列了出来。

钩针

钩针的材料有很多种，从木头、塑料到钢材、象牙，形状、型号也有很多种。有些钩针柄部又大又粗，这种符合人体工程学的设计在钩织时很舒服。挑选一把舒服的钩针非常必要。

每种款式都列有所用钩针的型号。在钩织款式前要先用列出的钩针型号钩织样品，检查密度（见136页）。必要时改变钩针的型号以织出合适的密度，从而使织好的鞋子大小合适。

注意：美式钩针的型号没有恰好与英式2.5mm和3mm相匹配的，要么大一些，要么小一些：

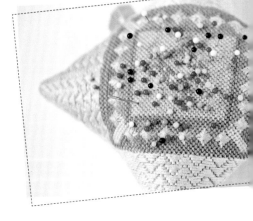

- 2.5mm对应的美式型号是B/1或C/2
- 3mm对应的美式型号是C/2或D/3

记号圈和大头针

记号圈用于标记款式中特殊的针脚，如果买不到记号圈，可以用零碎毛线或发卡来代替。大头针在把不同的部分缝合在一起时非常有用。

尺子或针规

尺子或针规可以在开始钩织前检测钩针的型号，测量钩好的作品的尺寸。

毛线缝针

毛线缝针在缝合和收尾时非常有用。选择针眼大的以方便穿线。

线

中粗线钩织的作品比较规整，表现细节时需要用到细线。

书中每一种款式都给出了选用的颜色，你也可以选择自己喜爱的颜色来代替。

最好用天然材质的线，如羊毛线或棉麻线，不要用100%的腈纶线来钩像袜子一样的婴儿鞋，特别是没有任何系带或其他固定的方法时，因为腈纶线不像天然材质那样不易变形。

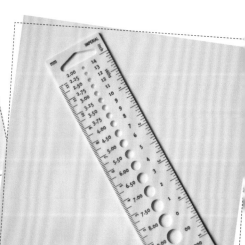

怎样使用钩织针法

如果你以前没有用过钩织针法，开始可能有些摸不着头脑，不过慢慢就能得心应手了。下面是使用钩织针法的一些要点：

- 如果针法名称前面有数字，如3短针，表示要在同一针中钩这些针。

- 如果在每一针中只钩1针，可以表述为：下3针中各钩1短针。

- 一圈或一行末括号中的数字代表这一圈或一行的总针数，帮助记录进度。

- 星号表示款式中需要重复部分的位置。

- 如果一组针法指令写在括号里面，这些针法都要在同一针上钩，例如"下1针中钩(1短针，2锁针，1短针)"表示在同一针中钩1短针，2锁针，1短针。

钩织技法

如何拿钩针?
通常有两种拿钩针的方式：握笔式和握刀式。两种都试一下，找出自己觉得最舒服的方式。

如何持线?
为了控制毛线用量和保持织物的平整，持线的方法是将线从线团上松松地扯出，缠在左手小拇指上，靠近钩针一端的线绕在食指上，用中指一起协助食指握住毛线。如果是左撇子，就换成左手拿针右手持线。

检查密度
要使钩出的鞋子大小合适，关键是在开始钩之前要检查密度。书中的每个款式都给出了密度，标明钩出相应大小的织物包括多少行、多少针。检查密度时，要用特定型号的钩针、针法等钩出样片。钩出的样片至少要比所需的尺寸大出2.5厘米，以确保准确。例如，如果要测量边长为5厘米的短针钩的正方形样片，至少要用短针钩出边长不小于7.5厘米的样片。把尺子放到样片上，数一下5厘米的宽度包括多少针，再用尺子量出5厘米的长度包括多少行。
如果针数和行数多于列出的数，说明密度太紧，可以换成大一号的钩针试试，再钩一块样片。必要时可以一直这样尝试，直到钩出密度合适的样片。如果针数和行数少于列出的数，说明密度太松，可以换成小一号的钩针试试，再钩一块样片。必要时可以一直这样尝试，直到钩出密度合适的样片。

换色
当在织物中间换色时，最后1步用新线完成。例如，换色时如果钩短针(见下图所示)，第1步用原来的线钩，第2步换新线钩。

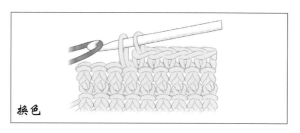

换色

数针数

数针数时，要看行的顶部。钩出的水平状的"V"形看起来像连在一起的泪滴。每一个"V"形算作1针。

按行钩

按行钩织时，从后往前钩，到行末后，翻转，按照款式式样钩下1行。

按圈钩

按圈钩时一般一直往一个方向钩，不是在行中从后往前钩。按圈钩有两种方式：

连成圈 如果在连成的圈上钩，就用引拔针连成1圈。 新的1圈开始时先钩相应的锁针。例如，钩短针时，就钩1锁针，最后在这一圈相连时，在这针锁针中钩引拔针。

螺旋状 如果是螺旋状钩，就没有连成1圈。用记号圈标出圈上的第1针，这样就能知道什么时候钩到圈的末尾。钩完1圈后移动记号圈。

翻转

钩短针时，在每行的开始钩1锁针。这个锁针称为起立锁针，它使钩针抬高到与正在钩的针相匹配的高度。短针的起立锁针不算作1针。中长针以上的起立锁针算作1针。 这些类型的起立锁针如下所列：

中长针 = 2锁针
长针 = 3锁针
长长针 = 4锁针

正面和反面

按行钩织时，除非特别指出，一般第1行是正面。按圈钩织时，正面是钩完时面对的那一面，背面就是反面。

连接缝合

本书中的一些作品需要把接缝处的针脚缝在一起，这时用回针缝比较合适。下面介绍的是从右向左回针缝的方法：把针从织物后面穿出来，向右缝1针。接着针从织物后面穿出来，穿出的位置在第1针开始处左边1个针脚处。向右缝1针，插入的位置在第1针开始处。重复直到行末。

剪断线打结

最后1针拉紧后，把线剪断，留下一段线头以藏进织物中。
把线头从最后的线圈中拉出，拉紧。

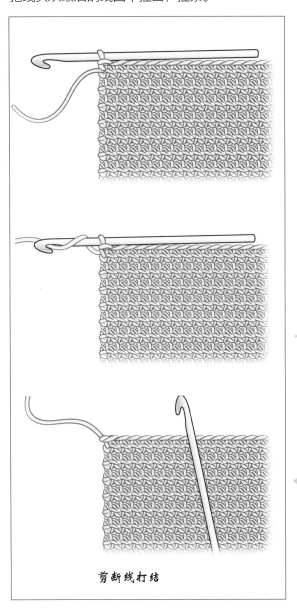

剪断线打结

藏线头

用毛线缝针把线穿入织物的针脚中（至少三四针），把线固定好。剪去多余的线。

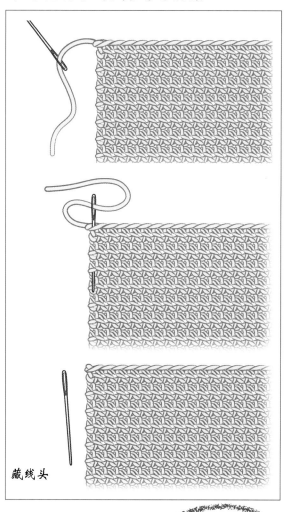

藏线头

打活结

打活结是钩织任何作品的第一步。学会打活结，你就踏上钩织的旅程了。

将线绕个环，把钩针插入环中，钩上连着线团那头的线，将线从环中拉出，针上形成一个环，轻轻拉线，把钩针上的环拉紧。活结完成。

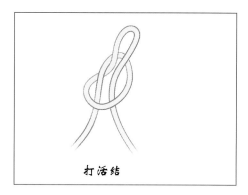

打活结

锁针

钩锁针前，需要先在钩针上打好一个活结。右手持针，左手握线，挂线（从后向前把线绕在钩针上）。将线从活结中拉出，形成一个新的线圈，即完成第1针。

挂线，将线从线圈中拉出，形成一个新的线圈，完成第2针。重复直到钩的锁针达到所需长度。用拇指和别的手指一起自上而下将过整条锁针链，使之平顺。

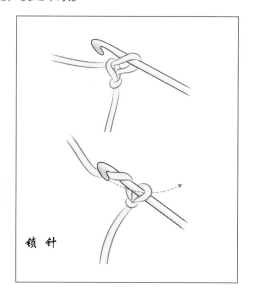

锁针

实用小贴士

锁针钩得松散一些，这样接下来钩着更容易，更均匀。

引拔针

引拔针是所有针法中最短的，它的主要作用是将针与针连接在一起(比如形成环)和将针从一个位置移到另一个位置。

将钩针从前往后插入下1针。挂线，将线从插入线圈和针上线圈中同时拉出。此时针上有1个线圈，这样即钩成1针引拔针。

一般钩针从针目的2个线圈下插入，不过，在起始锁针上钩引拔针时，只插入后线圈。

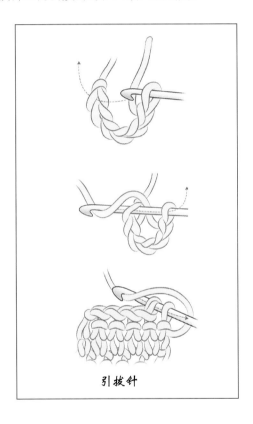

引拔针

引拔针2针并1针

把钩针插入下1针，挂线，将线从这1针中拉出，这时钩针上有2个线圈，把钩针插入下1针，挂线，将线从这1针和钩针上的2个线圈中拉出，完成。

短针

把钩针从前向后插入下1针，挂线，将线拉出。这样钩针上会有2个线圈。挂线，将线从2个线圈中拉出，短针完成。

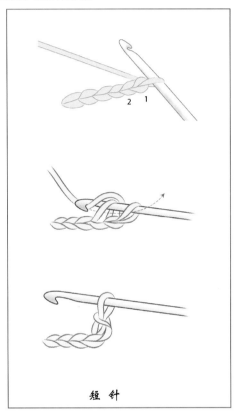

短 针

中长针

挂线，把钩针从前向后插入下1针，再次挂线，将线从针目中拉出。这时钩针上有3个线圈，挂线，把线从3个线圈中拉出，中长针完成。

正浮中长针

挂线，从前向后绕着下1针的线柱把钩针插入，挂线，把线拉出，这时在钩针上有3个线圈，挂线，把线3个线圈中拉出，正浮中长针完成。

反浮中长针

挂线，从后向前绕着下1针的线柱把钩针插入，挂线，把线拉出，这时在钩针上有3个线圈，挂线，把线3个线圈中拉出，反浮中长针完成。

长针

这种针法更长一些，钩出来的东西更稀疏。
挂线，把钩针从前向后插入下1针，再次挂线，将线拉出。
这时钩针上有3个线圈，挂线，将线从2个线圈中拉出。
这时钩针上有2个线圈，挂线，将线从剩余的2个线圈中拉出，长针完成。

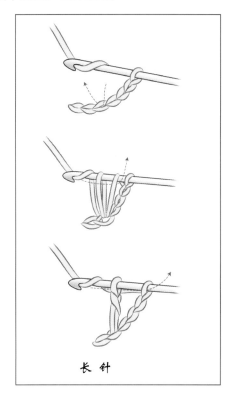

长 针

长长针

挂线2次，把钩针从前向后插入下1针，挂线，将线从针目中拉出。这时钩针上有4个线圈，挂线，把线从2个线圈中拉出，这时钩针上有3个线圈。挂线，把线从2个线圈中拉出，这时钩针上有2个线圈。挂线，把线从最后2个线圈中拉出，长长针完成。

正浮长针

挂线，从前向后绕着下1针的线柱把钩针插入，挂线，把线拉出，这时在钩针上有3个线圈，按通常长针的钩法钩完。

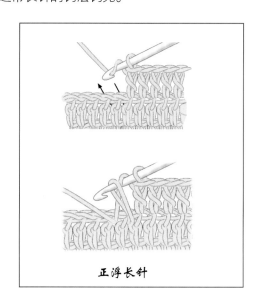

正浮长针

反浮长针

挂线，从后向前绕着下1针的线柱把钩针插入，挂线，把线拉出，这时在钩针上有3个线圈，按通常长针的钩法钩完。

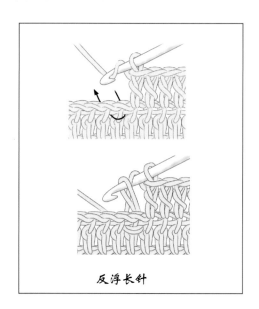

反浮长针

短针2针并1针

短针2针并1针是把2针并为1针短针的减针方法。把钩针从前向后插入下1针，挂线，将线从这一针中拉出，钩针上留有2个线圈。把钩针从前向后插入下1针，挂线，将线从这一针中拉出，这时在钩针上有3个线圈，挂线，将线从钩针上的3个线圈中拉出，完成。

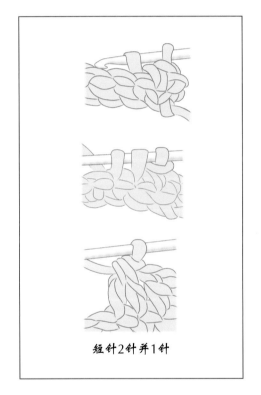

短针2针并1针

短针隐形减针

短针隐形减针是在2针的前线圈上钩，将其并为1针短针。

把钩针从前向后插入下1针的前线圈，挂线，把线拉出，这时钩针上有2个线圈。把钩针插入下1针的前线圈，挂线，把线从这一针中拉出，这时钩针上有3个线圈。挂线，把线3个线圈中拉出，短针隐形减针完成。

短针3针并1针

短针3针并1针是把3针并为1针短针的减针方法。把钩针从前向后插入下1针，挂线，将线从这一针中拉出，钩针上留有2个线圈。把钩针从前向后插入下1针，挂线，将线从这一针中拉出，这

时在钩针上有3个线圈。把钩针从前向后插入下1针，挂线，将线从这一针中拉出，这时在钩针上有4个线圈，挂线，将线从钩针上的4个线圈中拉出，完成。

中长针2针并1针

中长针2针并1针是把2针并为1针中长针的减针方法。

挂线，把钩针从前向后插入下1针，挂线，将线从这一针中拉出，钩针上留有3个线圈。挂线，把钩针从前向后插入下1针，挂线，将线从这一针中拉出，钩针上留有5个线圈。挂线，将线从钩针上的5个线圈中拉出，完成。

长针2针并1针

长针2针并1针是把2针并为1针长针的减针方法。挂线，把钩针从前向后插入下1针，挂线，将线从这一针中拉出，钩针上留有3个线圈。挂线，把线从前2个线圈中拉出，钩针上留有2个线圈。挂线，把钩针从前向后插入下1针，挂线，将线从这一针中拉出，钩针上有4个线圈。挂线，把线从前2个线圈中拉出。现在钩针上有3个线圈，挂线，把线从3个线圈中拉出，完成。

长针6针并1针

长针6针并1针是把6针并为1针长针的减针方法。*挂线，把钩针从前向后插入下1针，挂线，将线从这一针中拉出，挂线，把线从前2个线圈中拉出；从*重复5次(钩针上有7个线圈)，挂线，将线从钩针上的7个线圈中拉出，完成。

螃蟹针

把钩针从前向后插入钩针右边的下1针（不是左侧），钩针尖向下。挂线，线从这一针中拉出，钩针上有2个线圈。挂线，把线从2个线圈中拉出，完成。

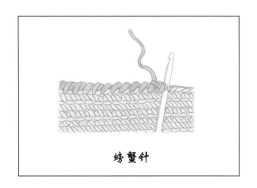

螃蟹针

长长针泡泡针

4锁针，挂线2次，把钩针插入同一针中，*挂线，将线从2个线圈中拉出，从*再重复1次，挂线2次，把钩针插入同一针中。**挂线，将线从2个线圈中拉出，从**再重复1次，这时钩针上有3个线圈。挂线，将线从3个线圈中拉出，完成。

贝壳针

每个贝壳针要在3针上钩。
在下1针中钩(中长针，长针)，2锁针，在从钩针数的第2针锁针上钩引拔针，形成1个小环，在下1针中钩(长针，中长针)，接下来1针中钩引拔针。

套环针

把线从前到后缠绕到食指上。环的长度取决于这一步中绕线的松紧。把钩针插入下1针，从手指后面钩住线段，把线从中拉出来，手指上的线变成了一个环。线环仍然在食指上，绕线，把线从钩针的2个线圈中拉出。为了保证钩出的效果，要确保所有的环的长度都是一样的。

锁针环

根据式样把锁针链钩到所需的长度，用引拔针把第1针和最后1针连在一起。在锁针环上钩第1圈。

魔术环

在按圈钩织时如果用魔术环来代替基础环，钩完环后拉紧线尾将各针收缩在一起，中间不留小孔。
手指把线绕个环，线头放在左边，要钩的线放在右边，把钩针插入环，从环下把线拉出，针上形成1个线圈。按式样要求钩出所需针数的起始锁针，根据需要钩出所需的针数，然后拉紧线尾收缩成环，用引拔针与第1针连成1圈。

在前线圈上钩·在后线圈上钩·在剩余的线圈上钩

在每一针的头上有2个线圈。离你远的线圈是后线圈，离你近的是前线圈。在基础链上钩织时，织物的底部会剩余1个线圈，这就是剩余的线圈。

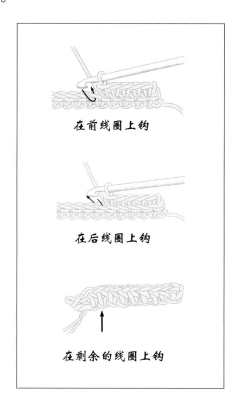

在前线圈上钩

在后线圈上钩

在剩余的线圈上钩

鞋底

本书中的作品一些是先钩鞋底，一些是先从鞋尖开始钩。先钩鞋底的模式包括2种鞋底：鞋底1和鞋底2。每一种鞋底都是在圈末用引拔针与第1针中长针连成1圈，接着在下1针开始钩新的1圈，而不是在钩引拔针的那针开始。根据每个款式的说明来决定钩完鞋底后是否要剪断线打结。

鞋底1

适合年龄：

0～6个月，鞋底长度9cm。

6～12个月，鞋底长度10cm。

6～12个月的变化列在方括号 [ ] 内。

第1圈： 11[13]锁针，在从钩针数的第3针锁针中钩1中长针，下7[9]针中各钩1中长针，在最后1针锁针中钩6中长针。在对面接着钩，下7[9]针中各钩1中长针，下1针中钩5中长针，用引拔针与第1针中长针连成1圈。

第2圈： 1锁针，下8[10]针中各钩1中长针，下5针中各钩2中长针，下8[10]针中各钩1中长针，下5针中各钩2中长针。用引拔针与第1针中长针连成1圈。

第3圈： 1锁针，下8[10]针中各钩1中长针，*下1针中钩2中长针，下1针中钩1中长针；从*再重复4次，下8[10]针中各钩1中长针，从*再重复5次，用引拔针与第1针中长针连成1圈。

鞋底2

适合年龄：

0～6个月，鞋底长度9cm。

6～12个月，鞋底长度10cm。

6～12个月的变化列在方括号 [ ] 内。

第1圈： 9[11]锁针，在从钩针数的第3针锁针中钩1中长针，下5[7]针中各钩1中长针，在最后1针锁针中钩6中长针。在对面接着钩，下5[7]针中各钩1中长针，下1针中钩5中长针，用引拔针与第1针中长针连成1圈。

第2圈： 1锁针，下6[8]针中各钩1中长针，下5针中各钩2中长针，下6[8]针中各钩1中长针，下5针中各钩2中长针，用引拔针与第1针中长针连成1圈。

第3圈： 1锁针，下6[8]针中各钩1中长针，（下1针中钩2中长针，下1针中钩1中长针）5次，下6[8]针中各钩1中长针，（下1针中钩2中长针，下1针中钩1中长针）5次，用引拔针与第1针中长针连成1圈。